# Table

1

*A mon ami Philippe Zlatkine, chercheur en biologie.*

# AVANT-PROPOS

*Notre ADN ne nous appartient pas vraiment, il fait partie d'un continuum, brassé au sein des étoiles, partagé sur terre avec d'autres espèces vivantes. Des molécules se sont constituées et assemblées par hasard. Sur terre, elles se sont complexifiées jusqu'à donner une "vie-multiple" dont nous sommes un élément. Bien sûr chacun d'entre nous porte sa propre identité génétique, mais la diversité fait loi. Sans les bactéries, les oncogène viraux, nous ne serions tout simplement pas là. Ces « échanges » génétiques ont fait de nous ce que nous sommes et ce que nous serons. Le développement de l'intelligence reste encore à nos yeux un mystère, une façon extraordinaire d'évoluer qu'a trouvée la nature. Depuis les premiers pas de l'homme beaucoup d'eau a coulé dans les rivières. Cela tient presque du miracle que nous soyons de ce monde. Quelles qu'en soient les raisons nous sommes là ! Mais pour combien de temps ? Quelle sera notre place dans l'univers dans les prochaines années et les prochains siècles ? Mais comme pour toutes les formes de vie nous passerons notre chemin, quasiment invisibles sauf si ....*

## Note de l'auteur

*Ce roman de quelques dizaines de pages où plutôt cette nouvelle contient trois parties distinctes. La première partie peut être lue après la deuxième ! Qu'importe. Cela fait longtemps que ce projet était dans un carton et dans un coin de ma tête. Je n'ose mais même pas dire depuis combien de temps. Mais il est là. J'ai pris un certain plaisir à réaliser cet ouvrage (mon premier). Je profite de ces lignes pour adresser un grand merci à tous ceux qui m'ont soutenu, commenté et corrigé ce document (ils se reconnaîtront). Je n'ai plus qu'à espérer qu'il apportera satisfaction au lecteur.*

*Dans cette seconde édition, j'apporte à la fin du roman sous forme d'appendices quelques éléments complémentaires.*

# PROLOGUE

Suffe s'engouffra dans le couloir qui était situé juste devant lui, après avoir tourné une dernière fois la tête en direction de la zone où il avait été transporté sans dommage. Après de multiples tentatives infructueuses, il avait choisi ce lieu par défaut et Gus lui avait donné son approbation. Suffe déboucha dans une salle de taille modeste, et se dirigea directement vers le fond d'où il pourrait aisément observer l'extérieur du bâtiment. La nuit étoilée apportait un éclairage suffisant pour qu'il puisse distinguer les différentes constructions qui se prolongeaient devant ses yeux. Aucune activité n'émanait des bâtiments. Sur l'une des façades, un nom apparaissait qu'il réussit à déchiffrer : Station Lunaire *Xu Zhimo* (poète chinois du XX$^e$ siècle). Suffe se remémora sa discussion avec Gus. Ils avaient effectivement entrevu la faisabilité de ce transport intemporel vers la lune. Les biomatrices du Centre avaient localisé la présence de serres et d'éléments organiques, indispensables à la "reconstruction" de Suffe après le transfert.

Le calme régnait, probablement depuis un certain

temps, et les bâtiments étaient recouverts d'une fine couche de poussière noirâtre. L'absence totale d'éclairage trahissait l'inoccupation prolongée. Seul l'endroit qui avait dû être une serre montrait des signes d'une vie passée. Tout semblait maintenant comme figé par le temps.

Suffe en était là de ses constatations quand il porta son regard sur un corridor situé sur sa droite. Il semblait permettre l'accès au bâtiment le plus imposant. Machinalement, il regarda aussi son poignet gauche. A travers sa combinaison, un petit cadre apparut d'où il pouvait voir en transparence un certain nombre de signes. Tout était en ordre. Ses paramètres vitaux n'étaient nullement affectés et sa tunique remplissait toutes les fonctions attendues. Il savait cependant que cela ne pourrait durer éternellement. L'auto-renouvèlement énergétique nécessitait un apport minimum d'énergie solaire, et visiblement sur ce satellite cette source viendrait à faire défaut, bien que pas avant plusieurs années. D'ici là, il trouverait bien un moyen de poursuivre son périple et de retourner sur Terre car, au Centre, Gus l'attendait.

Les heures qui suivirent furent entièrement consacrées à l'exploration de la base. Une succession de couloirs plus ou moins étroits alternaient avec des salles de dimensions variables. Mais, partout régnait l'absence de vie. L'accès à certaines zones était impossible. Suffe essaya pourtant d'activer quelques commandes ou ce qui semblait être des commandes, mais rien ne se produisit. La musculature de Suffe n'était pas suffisante pour lui permettre de franchir certains obstacles. Sur Terre, il aurait pu utiliser de nombreux relais, mais ici aucun champ de force n'était disponible pour une quelconque aide. Suffe vivait là une situation encore inédite, une expérience nouvelle. Il allait de découverte en découverte. Contrairement à Gus, il n'était pas un « premier » : il n'avait pas côtoyé directement la civilisation humaine. Malgré tout, il avait fait le choix lui, de partir à l'aventure, sans aucune obligation ni contrainte.

Au Centre, sur Terre, Gus regardait les écrans qui se superposaient les uns aux autres, offrant de nombreuses images historiques de la station lunaire. Il avait pu récupérer ces informations à l'aide de Gracile, à partir des éléments annexes à la biomatrice. La lune et sa base lunaire *Xu Zhimo* apparaissaient très nettement dans les moindres détails. Gus y voyait la possibilité d'aider Suffe dans son périple lunaire, Suffe qui déjà lui manquait énormément. Jamais il n'avait été séparé si longtemps de lui. Ils avaient si bien su diversifier leur mode de communication que même sur de longues distances ils restaient en contact. Même au cours des déplacements extracorporels, ils gardaient intacts cette sensation d'être liés.

Plusieurs jours passèrent. Suffe avait exploré une grande partie de la base *Xu Zhimo*. Gus, toujours connecté, lui adressait certaines indications précieuses en plus de son réconfort permanent. Une des dernières zones à visiter était le centre de communication longue portée. Suffe y fit une découverte assez déconcertante, à laquelle il aurait pourtant dû s'attendre.

La petite salle hémisphérique ne comportait pas d'accès limité et Suffe put s'y introduire facilement. Devant lui, un grand ensemble d'écrans noirs occupait la quasi-totalité du mur de la pièce. Face à cet arc de cercle impressionnant, un siège lui tournait le dos. C'est là précisément que Suffe fit sa macabre découverte, les restes momifiés d'un homme. Suffe se pencha et prit le temps d'observer tous les détails ; le visage était fermé, aucune expression particulière ne s'y lisait. Une sorte de sérénité se dégageait de cette momie, impression renforcée par le silence omniprésent : les derniers instants de vie de cet homme n'avaient pas dû être douloureux. Les Orlos étaient pourtant habitués au calme, mais Suffe eut le besoin de rompre cette sensation. Il se retourna vers sa gauche, afin de quitter cette pièce qui ne lui apporterait rien de plus que ce sentiment étrange de n'être que le témoin d'un temps révolu. Au cours de la semaine qui suivit, Suffe accumula de nombreuses informations. Ces données concernaient en grande partie les hommes. Ces informations viendraient compléter celles déjà disponibles au Centre.

Les instructions de Gus étaient très claires. La seule possibilité d'un retour sur Terre était de rejoindre les hangars où se situaient les navettes et les petits astronefs de transfert, et de trouver un moyen pour en utiliser un ! Suffe n'eut aucune difficulté à rejoindre l'endroit précisé par Gus. Cependant, faire démarrer un de ces engins qui se trouvaient sous ses yeux était une autre paire de manche. Il ne lui fallut pas moins de deux semaines pour déchiffrer simplement quelques instructions. Il se focalisa sur une série de trois engins de petites tailles ; ces petites navettes étaient prêtes à être expédiées sur Terre. Une fois l'approvisionnement en énergie résolu, il lui semblait qu'il lui serait assez facile d'utiliser un de ces engins. Gus n'en pouvait plus d'attendre. Ce ne fut qu'après encore deux bonnes semaines que les moteurs vrombirent, à la grande surprise de Suffe, et au soulagement de Gus. Le voyage serait rapide, quelques heures à peine. Gracile, Gus et probablement d'autres Orlos seraient là pour l'accueillir.

Suffe était heureux de revenir chez lui et pourtant il savait pertinemment que le désir de repartir lui reviendrait.

# PREMIERE PARTIE

## L'AGE DES ORLOS

## L'arrivée sur Terre

La déflagration eut pour effet de tirer Saphre de son sommeil assez brusquement. Aussitôt, Gus lança un réconfort mental, caressant l'esprit de Saphre et éliminant ainsi le peu d'inquiétude qui était apparu. Saphre se leva doucement et son lit-siège s'estompa aussitôt. Par projection mentale, Saphre remercia Gus tout en se dirigeant vers l'endroit d'où était apparu le bruit. Le corps filiforme de l'Orlo se déplaçait doucement avec cette ondulation toute particulière propre à ces créatures. Le justaucorps de Saphre changea imperceptiblement de couleur ; les nouveaux paramètres climatiques étaient pris en compte offrant à son propriétaire un confort optimal.

Près du promontoire rocheux qui dominait la cité Orlo, trois silhouettes penchées par-dessus le parapet regardaient vers le sud. Parmi eux, Clara. Elle restait comme à l'accoutumée calme et en alerte malgré tout. Saphre, suivi de près par Gus, se rapprocha d'eux. Ils s'entretenaient déjà activement sur ce qu'ils devaient faire. Gus comme à l'accoutumée enveloppa la discussion de ses caresses mentales. Saphre, après avoir lui aussi pointé son regard vers l'horizon, chercha une réponse parmi ses amis. Sans même détourner leurs regards, les Orlos répondirent en même temps, le cerveau de Saphre assimila toutes les informations, habitué aux discussions partagées à plusieurs, et renvoya à chacun remerciements et réconforts. Gus choisit momentanément de suspendre ses attentions mentales pour lever ses longs bras ; cinq bulles translucides de la taille des Orlos apparurent alors. Les formes ovoïdes vinrent au contact des corps des trois individus, puis individuellement, disparurent comme absorbées par chaque Orlo.

Gus donna le signal du départ. Son corps filiforme se souleva doucement au-dessus du parapet, suivi des autres Orlos. Tous étaient à quelques dizaines de mètres du sol dominant ainsi la plaine qui s'étendait devant eux. Gus, avec son accoutumée délicatesse, envoya le signal mental du départ. Devant eux le paysage offrait une alternance de clairières et de petits bosquets d'arbres. Un peu plus loin, des forêts plus denses s'étendaient vers le sud. La végétation était omniprésente et abritait tout un monde vivant, du plus petit insecte à des mammifères plus imposants. Quelques minutes plus tard, les cinq corps se dirigèrent vers la petite forêt qui prolongeait la plaine verdoyante parsemée de massifs fleuris. Les senteurs de toutes sortes et plus particulièrement celles parfumées d'une note vanillée montèrent de la plaine qui se déroulait lentement au-dessous de leurs pieds.

Les Orlos avaient plusieurs façons de voyager. Ne craignant ni le chaud ni le froid, ils aimaient par-dessus tout se déplacer au-dessus des plaines et des cours d'eau, suspendus dans les airs, à l'intérieur de leurs bulles de transport. Ce moyen de transport était certes peu rapide mais leur procurait un bien-être certain. Seul Gus n'approuvait pas totalement cette façon de se transporter car il le limitait dans le réconfort qu'il pouvait prodiguer à ses amis, lui qui passait la plus grande partie de son temps à dispenser douceur, réconfort et attentions mentales. Gus préférait opter pour la marche à pied qui permettait de prendre soin de la flore et de la faune environnantes tout en gardant la capacité de cajoler les autres. Gus aimait néanmoins le déplacement hors du corps car cela procurait des sensations riches et variées. Mais contrairement à la marche ne permettait pas d'intervenir physiquement si cela l'exigeait.

Les Orlos avaient en partie modifié les abords de leur cité et les jardins alentour, mais avaient aussi choisi de protéger de nombreux endroits vierges de toute intervention orline.

Touf fut le premier Orlo à découvrir l'endroit d'où provenait le bruit. Saphre aussitôt lança une inspection mentale sur les environs du lieu d'impact ; un objet semblait avoir échoué au centre du massif de crucifères arborescentes. Les Orlos descendirent vers le sol. Touf dirigea ses attentions vers l'objet étrange, qui semblait constitué d'un matériau inconnu des Orlos ou du moins qu'ils n'utilisaient plus depuis bien longtemps. Les échanges mentaux fusaient entre les Orlos. Saphre ordonnait les idées communes. Gus, lui, s'occupait d'effacer toute anxiété naissante. Gracile, le plus jeune d'entre eux se chargea de transmettre les informations en direction du nord, là où se trouvait leur demeure. Ainsi, ceux qui le souhaitaient seraient informés en temps réel de leur découverte.

L'objet ne bougeait pas, Saphre tout en gardant son enveloppe lumineuse tendit son bras en direction de la chose. Elle n'était pas d'une taille impressionnante, environ six mètres, ce qui représentait à peine trois fois la taille d'un Orlo. Saphre résuma les données de l'analyse de cet objet et transmit ces informations à ses congénères par l'intermédiaire de Gracile. Nul doute, le bruit entendu une heure auparavant provenait bien de cette matière. Cet objet venait de l'espace et avait été fabriqué par une autre civilisation que la leur.

Un nombre impressionnant d'informations déferlaient dans chaque esprit des Orlos ; Gracile transmettait consciencieusement ; les esprits se dirigeaient sur ce qu'avait détecté Touf. Un objet de plus grande envergure s'était écrasé dans le fond du ravin à plus de deux kilomètres. Oui, une chose avait bien bougé et cette chose n'était pas native de la Terre. Une chose, ou plutôt un amas de choses, car l'esprit aguerri de Touf avait détecté trois voire même quatre organismes vivants. La curiosité des Orlos se fit plus pressante. Saphre et Gus prirent les airs, suivi des autres, et finalement de Touf qui rompit sa sonde mentale. Quelques minutes plus tard, tous les quatre se posèrent sur le sol au bord du ravin.

Leurs pieds se furent à peine posés au sol que trois choses ailées pittoresques s'échappèrent dans les airs, un vol saccadé qui contrastait avec le vol familier des oiseaux habituellement présents dans le ciel. Ces êtres surprenants et de couleur variant du vert foncé au vert clair présentaient des taches brunes sur le dessus des ailes et le long de leur épine dorsale. Leurs têtes couronnées de deux petites cornes pointues recourbées vers l'intérieur contrastaient avec la queue qui finissait en un petit plumeau de poils d'un brun foncé. Les Orlos fixèrent ces visiteurs étrangers et tentèrent un contact mental comme d'ordinaire, mais aucune réponse ne leur parvint. Ces créatures filèrent silencieuses en direction de l'est. Il sembla cependant qu'un appel, ni sonore, ni mental, parvenait du fond de la ravine située un peu en contre-bas. La structure et le contour de ce contact déroutèrent Gus, qui pour autant encouragea cette tentative. Saphre domina la conversation et suggéra aux autres de lui laisser le soin d'approfondir cet échange naissant entre leurs esprits et celui de leur visiteur. Tout en établissant le contact mental, Saphre passa sa main sur son avant-bras afin d'activer l'élévateur anti-pesanteur.

Deux ou trois rectangles translucides de la taille des Orlos apparurent devant Saphre. Ces formes apportaient aux Orlos une aide précieuse et leur donnaient d'ordinaire la possibilité de modifier le paysage selon leur fantaisie aux cours de leurs déplacements champêtres.

Une petite forme brune fut ainsi extirpée, sans dommage, du ravin et déposée à quelques mètres seulement du groupe des Orlos, auquel une douzaine de nouveaux arrivants curieux de voir de leurs propres yeux ce visiteur s'était joint. Clara était là elle aussi, toujours silencieuse. Saphre dessina du regard un cercle autour de la petite créature lovée sur elle-même. Un tracé lumineux à peine visible se matérialisa autour d'elle. Saphre se détourna ensuite de la scène, en direction du reste du vaisseau fracassé dans le fond du ravin, pour contrôler une dernière fois si rien de vivant ne s'y trouvait, bien qu'une multitude de sondes mentales aient déjà rempli cette tâche. Plusieurs Orlos avaient plus par habitude que par curiosité inspecté l'endroit. L'inspection se poursuivit encore une bonne heure, puis Touf et Gus entreprirent leur retour. Les Orlos par petits groupes s'en allèrent également. Saphre, quant à lui, se dirigea vers ce petit être ailé qui semblait fortement éprouvé et lui apporta toute l'attention nécessaire. Un cercle lumineux mis en place autour du nouvel arrivant lui procura soins et réconfort. Ce dispositif apportait une certaine homéostasie à la plupart des êtres présents sur Terre et était souvent prodigué par les Orlos. Saphre leva avec légèreté ses bras produisant ainsi l'apparition d'une bulle légèrement différente de celles matérialisées plutôt par Gus pour se déplacer sur le lieu de l'accident. La bulle gonfla puis remplaça le cercle lumineux, sa couleur vira du bleu clair au bleu foncé tout en devenant de plus en plus ténue jusqu'à disparaître complètement. Saphre décolla légèrement du sol, se retourna en direction de leur demeure et entama le voyage de retour suivi par le nouvel hôte transporté dans son cocon translucide à quelques mètres du sol.

Après quelques dizaines de minutes, ils arrivèrent en vue de la cité des Orlos, la nuit commençait à tomber. Un soleil rouge brillait et dispensait encore de chauds rayons pour cette saison automnale.

# Le contact

La cité des Orlos avait cette particularité qu'elle semblait irréelle, impalpable en pleine lumière. Le jour, seul un observateur aguerri pouvait distinguer les aménagements conçus par ses habitants. Les murs, les escaliers et le mobilier apparaissaient ou disparaissaient au gré du bon vouloir des Orlos. Les infrastructures semblaient labiles, presque fragiles. Graduellement, un jeu de lumières s'effaçait ou s'amplifiait, donnant ainsi toute la profondeur de la cité. Seuls les rochers et la végétation restaient réellement présents. La nuit, pourtant, les murs semblaient s'assombrir et gagner en densité, afin de procurer aux Orlos une intimité pour la nuit, plus par confort que par souci de protection, car les Orlos n'avaient rien à craindre de l'extérieur. L'harmonie totale avec la nature environnante était un mode de vie acquis depuis plusieurs générations.

- Nous arrivons, voici Rose de mai notre demeure.

Le nouvel arrivant détourna son regard de la cité pour croiser celui de Saphre qui venait de lui parler sans ouvrir la bouche. Il n'avait encore pas vu un seul de ses habitants émettre un mot et en conclut qu'ils ne pouvaient peut-être pas s'exprimer autrement qu'en silence. Se risquant lui aussi à communiquer de cette sorte, il tenta :

- Accueil au nid, repos.

- Ne vous fatiguez pas, reprenez des forces, votre corps semble l'exiger.

- Seul trouvé dans le module.

Saphre ne répondit pas. Mais à la manière de Gus, il envoya une sonde apaisante qui se voulait rassurante. La structure même du langage entre eux nécessiterait des ajustements. Le langage de cet étranger n'était pas connu des Orlos, ou plutôt il faisait appel à un langage oublié depuis très longtemps. D'ailleurs, Saphre était assez satisfait de pouvoir en comprendre le sens. Il pouvait ainsi s'initier sans crainte à ce mode de communication. Saphre pensa qu'il serait relativement aisé d'apprendre à son invité le langage des Orlos. Visiblement, la prédisposition télépathique de cet être lui permettait. Seuls les Orlos avaient jusqu'à présent cette faculté. Les données recueillies par Gracile sur ce nouvel arrivant n'étaient pas nombreuses, il pouvait pourquoi pas s'agir d'un animal mythique dénommé dragon, dont l'existence même restait hypothétique ! Pour les Orlos, la priorité était de pouvoir satisfaire au plus vite les besoins de ce nouvel arrivant.

Ils étaient enfin parvenus au pied d'une façade haute de plusieurs dizaines de mètres, qui laissait deviner une multitude de logements de formes variées où les Orlos seuls ou à plusieurs pouvaient s'installer confortablement, allongés ou en position assise. Les murs s'opacifièrent peu à peu autour des Orlos, marquant ainsi le début de la nuit. Saphre s'occupa de son hôte, en lui offrant un "nid". Tous les Orlos avaient suivi les échanges entre le petit être et Saphre, et ils étaient satisfaits de l'attitude de Saphre envers cet invité. Il est vrai que l'hospitalité était primordiale chez les Orlos. Son non-respect entraînait systématiquement un malaise qui devait requérir ensuite toute la force de conviction et le savoir-faire de Gus pour rétablir l'homéostasie au sein de la communauté. Heureusement, cela était assez rare. Et les Orlos respectaient tout particulièrement leur environnement et l'intimité de chacun.

La nuit était tombée. Le dragon se recroquevilla dans ce qui ressemblait à un nid d'oiseau, qui prenait de la consistance à mesure qu'il s'installait. Saphre était déjà parti vers l'endroit où il passerait la nuit, seul.

# L'apprentissage.

Cela faisait déjà plus de trois jours que le petit être brun aux ailes de chauve-souris était l'invité des Orlos. Les Orlos étaient une curiosité. Ils respectaient toute chose vivante ou inanimée comme les pierres et les rochers. Les montagnes et les cours d'eau étaient aussi considérés comme des éléments essentiels. Toutes modifications si petites soient-elles n'étaient effectuées qu'après concertation préalable et toujours avec parcimonie.

Apres une semaine, notre ami ailé était complétement rétabli grâce aux multiples soins prodigués par Gus, Saphre, et Touf. D'autres Orlos également avaient renforcés ce groupe attentionné. Clara, une des rares Orlos féminines, s'était aussi rapprochée du jeune dragon, par curiosité. Les conversations était dorénavant plus aisées, les échanges plus efficaces. Ils avaient permis de résoudre entre autres de nombreuses préoccupations, comme la nourriture.

De nombreuses questions ayant trait à la vie de tous les jours trouvaient dorénavant réponse très facilement. Les Orlos faisaient preuve de patience, d'un sens de l'écoute exceptionnel, et répondaient toujours favorablement à ses demandes.

Un matin au réveil Saphre, pas particulièrement matinal, sentit de la part de son invité un certain empressement à l'interroger sur plusieurs questions particulières. Saphre terminait une coupe de fruits, un gobelet de graines aux multiples couleurs et un petit bâton qui n'évoquait rien pour son hôte. Lui avait déjà pris son repas, comme tous les matins depuis son arrivée : une bouillie composite pourtant sans goût particulier, mais qui semblait parfaitement nourrissante, lui procurait satiété et lui permettait d'acquérir toute la force d'un jeune de son âge. Pourtant, le dragon malgré cette nourriture partait de plus en plus fréquemment au loin diversifier ces repas. Il aimait les poissons qu'il pêchait dans les cours d'eau avoisinants, et ne détestait pas non plus se mettre sous les crocs quelques rongeurs imprudents voire quelques animaux de taille un peu plus imposante.

Saphre et les autres Orlos avaient convenu de nommer ce nouveau venu du nom de P316, guère original, mais qui conviendrait dans un premier temps. Gracile en avait eu l'idée en observant le caisson d'où avait été extrait le dragon. Une inscription y figurant avait été partiellement effacée au cours de l'impact. Toutefois, P316 s'affichait encore bien nettement. Il avait donc été convenu de le baptiser de cette manière.

- Que veux-tu savoir, P316 ? Souhaites-tu te lier à Gus ? lui demanda Saphre.

- En fait, nous étions plusieurs à quitter notre satellite à bord du vaisseau de secours qui s'est écrasé et je n'ai ressenti aucune présence depuis. Je ne suis pas sûr que les autres soient toujours en vie,  je suis peut-être le seul de mon espèce à avoir survécu.

Comment appelez-vous cette planète ?

- Songe, nous appelons cette planète Songe. Mais elle a été appelée différemment au cours du temps. Autrefois, elle s'appelait Terre.

- Terre ?

- Oui.

- Mais, concernant les miens ? Interrogea le dragon.

- Nous les avons vus le premier jour s'envoler au loin, bien au-delà de la forêt, vers l'est. Nos sondes mentales nous ont confirmé, bien que très approximativement, leur destination et leurs résidences.

- Où sont-ils maintenant ?

- Juste derrière les montagnes vertes en dessous de la limite des neiges éternelles. Nous y allons rarement et peu d'Orlos vivent dans ces contrées.

- Sont-ils tous vivants ?

- Il semblerait que oui. Nous n'avons pas détecté de perte. Si cela te préoccupe tant, nous pouvons faire une recherche plus approfondie, mais nous n'aimons guère procéder à ce genre d'investigations envers ceux qui volontairement ont souhaité s'éloigner de nous.

Le dragon ne releva pas, et resta songeur. Saphre et P316 allèrent ensemble emprunter le sentier qui menait en pente douce vers les bassins aménagés. Ce lieu était particulièrement apprécié par P316, peut-être parce que les petits promontoires de part et d'autre des bassins offraient autant de perchoirs pour ses griffes. Ils lui fournissaient une vue dominante sur les réseaux de canaux, qui serpentaient entre les bassins avant de se déverser dans l'un des trois lacs regroupés au centre du jardin.

- Pouvez-vous aussi voir au-delà du ciel ? demanda le dragon à Saphre.

- Oui, dans une certaine mesure, mais pas par nous-mêmes, pour cela nous devons aller au Centre, lui répondit

Saphre.

- Le Centre ?

- Le Centre est un lieu que nous avons délaissé depuis de nombreuses années maintenant. De temps en temps, certains d'entre nous s'y rendent pour vérifier que l'auto-renouvèlement fonctionne correctement et que la structure n'est pas endommagée.

- Que renferme le Centre ? questionna à nouveau P316.

- Le Centre n'a plus d'intérêt pour nous depuis plusieurs générations déjà. Notre autosuffisance et notre mode de vie nous ont permis de vivre sans les multiples instruments dont il est équipé, et nous conservons cet espace comme un héritage. Dans certains cas seulement, nous avons besoin du savoir et des outils présents dans ce lieu. Nous avons créé notre propre espace, dissimulé sous Terre, où nous entreposons notre technologie et nos moyens de production. C'est aussi dans cet espace que nous procédons au renouvellement de nos enveloppes corporelles, tous les trois cents ans environ. Pour tout te dire, il existe plusieurs constructions souterraines de ce type sur Songe.

Après un moment, Saphre reprit.

- Ces technologies nous facilitent la vie comme tu as pu le voir en ce qui concerne nos habits par exemple. Ils intègrent de multiples composants bien utiles qui sont produits dans ces lieux. Un jour, si tu veux, nous pourrons les visiter. Nous avons décidé de ne pas encombrer la surface de tout cela pour ne garder que le minimum, l'essentiel avec nous.

- Le Centre pourrait voir au-delà du ciel?

- Oui, il y a de nombreux équipements technologiques le permettant, ils sont opérationnels, pour la plupart.

P316 venait de se percher sur son rocher favori et il entreprit d'inspecter les environs. Ses griffes depuis son arrivée s'étaient assez bien adaptées à son nouvel environnement. La nourriture que lui fournissaient les Orlos était assez équilibrée. Le brun nuancé de son corps avait gagné en densité. Cela n'empêchait pas le dragon de multiplier les excursions alimentaires dans les environs. Il omettait volontairement d'en parler à ses nouveaux amis, pour ne pas les contrarier. Les petits bovidés et autres mammifères qui tombaient sous ses griffes n'avaient pas le temps de souffrir pour ainsi dire. La mâchoire pourvue de dents acérées faisait rapidement son œuvre. Le dragon se développait très rapidement.

Après un court instant de réflexion, P316 s'adressa à nouveau à Saphre.

- Au Centre, pourrait-on voir le vaisseau d'où je viens ?

Saphre se laissa un temps de réflexion.

- Probablement, oui. Sauf s'il a déjà quitté nos frontières.

- Pourrais-tu être plus clair ?

- Cela serait assez long de t'expliquer cela. Mais notre vision dépend des rythmes, des espaces et des liens qui régissent notre univers présent. Par ailleurs, nous avons aussi oublié certaines pratiques pour ce genre d'investigations. Disons plutôt que notre esprit se nourrit désormais d'autres choses, d'autres satisfactions et d'autres plaisirs...

P316 sentit que son ami allait s'étendre sur le mode de vie de ses congénères, il le coupa.

- J'aimerais bien visiter ce Centre.

- Il n'y a pas de problème, mais je ressens une attente particulière.

Le dragon venait de sauter en bas de son promontoire, il se trouvait désormais à quelques mètres à peine de

Saphre. Il en profita pour étendre ses deux ailes ; les griffes situées aux extrémités pointaient maintenant vers le ciel. Dans cette position, le dragon, ailes déployées, semblait tester sa capacité à voler. Il affectionnait de voler de plus en plus vite. Ses envolées si particulières lui procuraient un plaisir certain, et nombre des Orlos qui le côtoyaient partageaient cette sensation de liberté et d'évasion au cours de leurs déplacements sur de longues distances.

- Je souhaiterais savoir d'où je viens, quelque chose me dit que je ne suis pas né sur cette navette. Et puis, je ressens de temps en temps comme une présence à l'intérieur de moi, comme un appel.

Après un court instant, Saphre reprit.

- Il est vrai que la sonde mentale préserve avant tout l'intimité de chacun. Mais nous n'avons rien détecté d'anormal à ton sujet.

- Pourtant par moment, je suis comme pris par ces idées fixes et je me demande qui cherche à me parler ainsi ?... Enfin, c'est assez diffus, mais j'ai vraiment par moments l'impression que l'on veut entrer en contact avec moi.

- J'ai pensé aux autres qui sont venus avec moi, reprit le dragon.

Saphre s'assit, ce qui surprit le dragon. Pour la première fois, depuis son arrivée, un Orlo prenait cette position. Le bras droit de Saphre se leva légèrement et sa main dessina devant les yeux de P316 un demi-cercle. Son poing se ferma et s'ouvrit aussi vite. Les doigts pointés en avant pendant quelques secondes produisirent une petite émanation bleutée à leur extrémité accompagnée d'un petit claquement. P316 ressentit assez indistinctement une communication lancée vers de multiples directions, bien que le contenu de ce message lui fût complètement inconnu. Saphre regarda son voisin et lui procura mentalement réconfort et assurance de son aide, bien que cela fût inutile ! Les lèvres fines de Saphre prirent la forme d'un cercle lui donnant un aspect particulier que le dragon ne lui connaissait pas. Un son court fut émis, grave, suivi d'un autre plus aigu et plus intense, puis ce fut le silence. Le chant ininterrompu des oiseaux venait de s'arrêter brusquement. Une image apparut, celle d'une construction blanchâtre qui, bien qu'elle se confondit aisément avec son entourage, n'offrait aucun doute sur son origine. Il s'agissait effectivement d'un bâtiment solide, finalement la seule qu'avait jusqu'à présent entrevue le dragon, à moins que la vision qui s'offrait à ses yeux ne fût qu'un mirage, ou une vision du temps passé.

- Voici le Centre, P316, dit Saphre.

- Nous allons t'y accompagner, certains des nôtres prendront part au voyage. Le chemin est assez long, aussi nous n'allons déplacer que nos esprits, pour un déplacement extracorporel, une méthode sans danger que nous maîtrisons parfaitement maintenant. Mais, l'apprentissage prend un certain temps. N'aie aucune crainte, cette première expérience se fera pour toi sans difficulté, j'ai créé un espace libre pour ton déplacement. Tu pourras apprécier et ressentir ce qu'éprouvent nos jeunes Orlos lors de leur initiation à cette pratique.

Un changement de promontoire indiquait à Saphre que son interlocuteur était intrigué.

- Nous serons toujours à tes cotés au cours de ce voyage, reprit Saphre. Certes, le déplacement de nos sens emprunte des chemins souvent inattendus. Cela te paraîtra probablement déroutant au début, mais je n'ai aucun doute sur tes facultés d'apprentissage. Ton esprit en quelques jours s'est bien imprégné de ce monde et tu es maintenant particulièrement bien aguerri à notre mode de communication.

Le chant des oiseaux reprit crescendo jusqu'à effacer même le souvenir de son interruption. Aux côtés de Saphre s'étaient déjà regroupés quelques Orlos dont Gus et Clara, qui ne se firent pas prier pour lancer une sonde amicale.

- Le Centre est très éloigné de nous, dit Gus.

- Nous devons utiliser ce mode de déplacement, reprit Saphre.

Clara approuva mentalement.

Effectivement, les premiers pas hors du corps furent assez déconcertants pour le dragon malgré toutes les recommandations de Saphre et les attentions de Gus. Diriger son esprit par petits sauts, d'un être vivant à un autre sur des distances si infimes, n'était pas chose évidente au premier abord. La première étape était d'ignorer sa propre conscience, d'oublier momentanément son enveloppe charnelle. En cela, la science des Orlos surprit encore une fois le dragon, la technologie si discrète et à peine visible faisait en quelque sorte le reste.

- Nous allons t'implanter une petite structure sous ta peau afin de gérer tes paramètres vitaux et te permettre de t'extraire de ton corps, dit Saphre.

L'exercice pour le dragon consistait dorénavant à s'imaginer sous la forme d'une succession rapide d'ondes. Ayant sa propre séquence, il suffisait de se glisser et suivre les conductances disponibles, pour garder un flux continu. Chaque être vivant pouvait servir de relais et permettre ainsi le déplacement. Les plantes, les mousses, les racines étaient d'excellents conducteurs, les petits animaux moins faciles à gérer de par leurs déplacements aléatoires. Quelle sensation!

Par ce mode de déplacement, les Orlos prenaient conscience que tous étaient liés, plus ou moins étroitement certes, mais que la vie était organisée comme un continuum. Quel ressenti de voir ainsi son « soi » emprunter toutes ces énergies disponibles ! Tous ces êtres-transports s'offraient à P316. Au début, les déplacements empruntaient celui des organismes minuscules qui jonchaient le sol, comme les insectes et les vers. Au fil des jours, Saphre initia le dragon aux déplacements permettant de parcourir des distances plus grandes. Sans interférence, plusieurs Orlos prenaient part à sa nouvelle expérience et le guidaient. Le flux et le rythme propre du dragon pouvaient le diriger maintenant sur des distances plus importantes. Quant aux oiseaux, ils offraient un support idéal, bien qu'aléatoire sur la destination, pour franchir les étendues d'eau ou les déserts arides. Peu à peu, ses déplacements se firent plus précis, plus rationnels et surtout plus orientés, leur vitesse s'accéléra. Une distance de quelques centimètres que l'on mettait auparavant plus de dix minutes à parcourir ne prenait plus désormais que quelques secondes. L'apprentissage dura tout de même plusieurs jours. P316 n'était pas seul, deux autres Orlos suivaient l'instruction dispensée par trois autres, aidés par Saphre qui s'était ajouté à la liste des instructeurs.

Même la phase de réintégration, qui pouvait sembler déroutante, se fit sans aucune difficulté particulière, malgré le sentiment de privation de liberté qui s'imposait toujours, après un déplacement extracorporel. Pourtant, l'impatience grandissait pour P316, de plus en plus désireux de rejoindre le Centre. Saphre en avait bien conscience et lui dit un jour au cours d'une séance d'entraînement.

- Bien, je pense que ton apprentissage est désormais terminé. La distance n'est pas un problème en soi. Dès que tu auras maîtrisé le choix de tes hôtes, tu pourras parcourir des distances mille fois supérieures à celles que tu parcours actuellement. Et cela en quelques minutes. La seule limite à la vitesse de nos ondes est la présence de nos hôtes.

Après un court instant de réflexion, Saphre reprit.

- Maintenant, nous devons rentrer pour que tu te reposes et pour discuter plus précisément de ce que tu attends du Centre.

# Les préparatifs au voyage vers le Centre

Depuis sept jours, Saphre enseignait au dragon les principes de base du voyage hors du corps. Les Orlos pour des raisons évidentes liées à leur environnement avaient depuis longtemps abandonné l'utilisation de véhicules polluants et consommateurs d'énergie, particulièrement, pour les longues distances. Ils avaient en fait renoncé à la quasi-totalité des engins, outils de construction ou mécaniques. La plupart des calculateurs, ordinateurs et autres moyens de générer et de stocker des données avaient disparu également de la surface de la Terre. Les technologies pourtant très sophistiquées, dont se servaient les Orlos, étaient conçues, mises au point et produites dorénavant sous Terre. Elles étaient discrètes comme celles dissimulées dans leurs vêtements, apportant bien-être et soins médicaux si le besoin s'en ressentait. D'autres dispositifs indiscernables car dissimulés sous la peau des Orlos leur permettaient d'agir sur le monde extérieur. Chaque Orlo pouvait ainsi faire apparaître des champs d'énergie suffisante pour modifier son entourage proche. Les habitations et le mobilier étaient ainsi créés pour de courtes durées grâce à ces dispositifs. Les quelques engins subsistants servaient essentiellement au jardinage et aux travaux extérieurs difficiles.

L'ensemble de ces machines fonctionnait en toute autonomie avec une consommation négligeable d'énergie solaire absorbée par le revêtement qui recouvrait les matériaux utilisés. Ces matériaux étaient constitués de multiples substances et principalement de sable et minéraux de toutes les teintes observées dans la nature, respectant ainsi les harmonies de leur lieu de vie. Ces couleurs allaient du jaune au vert en passant par des ocres rouges plus ou moins foncées. Les Orlos obtenaient, grâce à des assemblages judicieux entre minéraux, des propriétés mécaniques variées et répondant à leur usage. Ces assemblages cristallins et de composés amorphes avaient été sélectionnés avec soin pour leur faculté de jouer avec la lumière nécessaire à la réalisation de leurs tâches.

Les sous-sols renfermaient également une technologie précieuse aux Orlos. Ce peuple ne se reproduisait pas. Le brassage génétique existait toujours, mais n'utilisait plus désormais la reproduction sexuée, car les Orlos étaient issus de clonages successifs. Les corps vivaient quelques centaines d'années tout au plus et devaient être renouvelés.

Le réapprentissage de certaines activités propres à la vie des Orlos devait s'opérer à chaque renouvellement corporel. A chaque génération, les Orlos subissaient des changements plus ou moins importants. Seul un petit groupe d'Orlos ne subissait que des changements quasi imperceptibles. Ces Orlos étaient les Premiers. Au nombre de douze, les Premiers étaient les Orlos originels, qui conservaient les traits des tout premiers, ainsi que les signes distinctifs de leur créateur. Il ne restait actuellement que trois « Premiers », dont Clara et Gus ; le troisième s'était installé dans une des régions équatoriales.

Saphre venait de terminer son premier repas de la journée et il se dirigea vers le dragon encore lové au soleil.

- Si tu es d'accord, nous pourrions partir demain pour le Centre, en mode extracorporel. Je te propose que nous en profitions pour visiter notre planète.

Le dragon acquiesça, songeant qu'il aurait aussi bien pu faire le voyage vers le Centre en utilisant ses propres ailes. Mais P316 n'évoqua pas cette possibilité à haute voix. Saphre poursuivit :

- Comme tu as déjà pu t'en apercevoir ce mode de voyage permet d'entrevoir et de ressentir le monde autrement. Personnellement, j'ai une petite préférence pour le monde aquatique. C'est peut-être dû aux milliers de molécules chimiques dispersées dans l'eau et qui stimulent les sens des poissons, criopses, pliules et rats nageurs. La saison de reproduction des criopses offre une palette de comportements si différents et souvent imprévisibles que le déplacement hors du corps au milieu de ces animaux à cette période de l'année est un vrai délice.

Le dragon s'était levé, étiré et se tenait maintenant sur ses deux pattes arrière face à l'Orlos.

- Nous partirons au lever du soleil, Gus viendra avec nous ainsi que le petit groupe de maintenance du Centre.

Saphre se retourna et se dirigea lentement vers la balustrade qu'il venait de faire apparaître. Au même moment, la chambre qui s'était matérialisée la veille au soir disparut, laissant place à un petit feuillu adossé à l'un des nombreux monticules de roche présents dans la région.

Le dragon prit son envol. En quelques coups d'ailes, il dominait déjà la cité des Orlos. A cette heure de la journée, la physionomie de la cité Orlo changeait du tout au tout. Plusieurs pièces apparaissaient tandis que d'autres s'emblaient s'évanouir. Le jeu des pâles couleurs accompagnait ces changements et reflétait une intense activité. Cette effervescence révélait pourtant à peine la présence de la cité. Saphre leva la tête et porta son regard en direction du dragon qui effectuait avec élégance des cercles autour de sa demeure à quelques dizaines de mètres seulement au-dessus de sa tête.

- La Terre, enfin Songe, a-t-elle toujours eu cet aspect ? demanda P316.

- Non, elle change avec les saisons, reprit Saphre, qui venait de créer sa bulle de transport.

- Saison ?

- C'est une période de l'année marquée par un climat particulier. Il y a quatre saisons dans cette partie de la Terre. Par exemple, l'hiver est caractérisé par l'absence de feuilles dans les arbres, un froid plus intense et la présence de neige à la surface des sommets montagneux, la neige étant l'une des formes solides de l'eau. En été, la neige est absente et les températures sont plus clémentes, permettant aux fleurs de s'épanouir. C'est aussi la saison idéale pour faire des réserves de nourriture, les graines, les baies et les insectes étant abondants.

- En quelle saison sommes-nous ?

- A la fin du printemps, la saison qui suit l'hiver et précède l'été.

Saphre reprit.

- En réalité, s'il y a quatre saisons dans cette partie de la Terre, toutes les régions n'ont pas le même climat. Certaines régions possèdent un climat constant. La plupart des Orlos vivent dans des régions où il y a plusieurs saisons, par plaisir de voir les changements qui les accompagnent.

Tout en continuant de raconter l'impact des saisons, Saphre entraîna le dragon en direction du sud vers les bassins aménagés. Puis, Saphre emprunta un petit sentier tandis que P316 prenait son envol pour survoler les bosquets qui longeaient le sentier. Les Orlos avaient su utiliser tous les méandres des cours et les anfractuosités de la roche pour y installer leurs bassins éphémères pour leur toilette.

- Personnellement, les intersaisons sont à mes yeux les plus émouvants, dit Saphre.

Le dragon atterrit enfin, suivi de Saphre. Gus se joignit à eux. Ces escapades enchantaient particulièrement le dragon, car elles lui permettaient d'embrasser toute la diversité et la richesse des êtres vivants qui peuplaient la surface de la Terre. Cela contrastait avec ce qu'il avait connu à bord de son astronef. Même si les salles-dômes de l'astronef étaient impressionnantes et renfermaient de nombreuses espèces vivantes, elles paraissaient minuscules maintenant, comparées aux espaces recouverts de vie et aux étendues qui défilaient devant ses yeux. A cette pensée, un sentiment de tristesse lui vint, qu'il chassa rapidement en portant son regard vers les silhouettes apaisantes des deux Orlos qui le suivaient.

Le peuple des Orlos avait pris soin d'alterner les espaces sauvages avec les endroits aménagés. La zone des lacs et les marais qui jouxtaient ces étendues d'eau semblaient s'accorder parfaitement et donnaient l'impression d'avoir toujours existé ainsi. Pourtant, les Orlos avaient créé de toutes pièces ces lacs. Mais de plus en plus, ils optaient pour une ingérence discrète, et n'intervenaient désormais sur la nature que par petites touches à peine perceptibles.

Quand P316 ne volait pas, il marchait aux côtés des deux Orlos. Toutefois, il aimait aussi effectuer de petits vols circulaires et voir l'étendue des contrées qu'ils traversaient. Même pendant ses échappées aériennes, il restait en contact avec les Orlos. De toute manière, il était assez difficile d'échapper au contact de Gus qui, pour le plus clair de son temps et de son plaisir, prodiguait ses attentions toutes particulières. Si cela pouvait paraître dans les premiers temps assez déroutant, la quasi-permanence des caresses prodiguées par Gus devenait comme une habitude voire un besoin. Gus était le seul Orlo à en abuser de la sorte et personne, y compris le petit dragon brun, ne faisait rien pour l'en dissuader, bien au contraire.

La journée se déroula tranquillement comme à l'accoutumée pour les Orlos. Après la balade du matin et le repas frugal, le dragon alla se percher sur un de ses promontoires favoris dominant les plaines entrecoupées de bosquets fleuris qui prolongeaient la cité Orlo par le nord. Plus loin, face à la forêt dense qui prenait racine près des grands lacs, s'étendaient des steppes sans fin. Cet horizon infini lui apportait un plaisir tout particulier et lui procurait une sensation de plénitude. Il pouvait rester là, à contempler cette vaste étendue herbeuse des heures durant. Seule, la présence discrète des Orlos l'arrachait à cette rêverie et lui rappelait que la journée n'était pas terminée.

Ce jour-là, la fin de la journée fut réservée aux derniers

préparatifs, puis les Orlos s'occupèrent de leurs chambres et de leur couchage. Un dernier vol au-dessus de la cité accompagna les feux du soleil couchant et les quelques lumières trahissant la présence de ce peuple s'éteignirent l'une après l'autre.

Un silence s'installa. Le nid qu'avait comme tous les soirs matérialisé Saphre accueillit l'une des plus grandes créatures ailées que la Terre ait connues.

# Le voyage

Ces derniers jours avaient été consacrés presque exclusivement à ce voyage. Se déplacer hors de son corps était la seule solution acceptable pour de si longues distances. Saphre et la petite équipe désignée pour la maintenance du Centre se regroupèrent autour du dragon, sans oublier Gus. Saphre matérialisa un petit parapet autour du cercle que formèrent les Orlos, et le silence s'installa. Même Gus respecta cet instant en rompant toute caresse mentale. Puis, Saphre donna le signal et, bien que confortablement installé, un relâchement du tonus musculaire se fit sentir au moment où il ferma les yeux. Saphre prit en charge l'émanation mentale du dragon. Sans plus attendre, ils prirent la direction du Centre, vers l'est. Chacun allait poursuivre son propre chemin avec un rythme différent. Cela dépendrait en partie des préférences pour les hôtes utilisés, mais tous resteraient suffisamment proches les uns des autres, comme ils en avaient convenu.

Au bout de quelques minutes, ils avaient déjà franchi plusieurs kilomètres. Saphre guida les pulsations des ondes du dragon et de ses propres ondes vers des chemins plus rapides comme les rives des cours d'eau ou les clairières où dominaient broussailles et herbes folles. Le chassé-croisé entre les oiseaux était laissé à d'autres Orlos. Les liserons rampant permettaient de parcourir pratiquement sans discontinuité de longues distances. Les micro-orchidées qui avaient colonisé de grandes étendues herbeuses offrirent pour Saphre, Gus et le petit dragon brun le moyen d'accélérer considérablement leur déplacement jusqu'à atteindre des vitesses qui surprirent le dragon. Ainsi plus de cent kilomètres furent franchis à vive allure. Les multiples rhizomes et filaments des champignons qui parcouraient les sous-sols étaient également des chemins pratiquement incontournables. Le voyage se déroula sans problème, alternant accélérations brutales à travers le couvert végétal et périodes plus ludiques qui permettaient aux Orlos et au dragon de ressentir la diversité du monde qui les entourait notamment certaines formes végétales des plus singulières, les auriacées sauvages. Ces colonies de petites fleurs bleues qui s'épanouissaient en toute saison, avaient la particularité d'émettre en continu des bouquets de petites boules duveteuses qui permettaient de s'envoler au gré du vent. Certains Orlos se risquaient à prendre ces émanations florales comme hôtes pour leur déplacement.

Les corps restés aux abords de la cité bénéficiaient de l'attention d'un certain nombre d'Orlos. Clara aimait prendre soin de ces enveloppes charnelles. Elle avait toujours apprécié cette activité.

A mi-chemin, ils avaient déjà croisé trois cités Orlos, chacune peuplée de quelques dizaines d'individus seulement. Certaines de ces cités étaient occupées depuis plusieurs centaines d'années et faisaient référence, d'autres, au contraire, n'étaient que provisoires. Le choix de vie des Orlos déterminait l'existence même de ces citées, le point commun étant le souci et la recherche constante de la quiétude qu'apportait une vie en harmonie avec l'environnement, que la vie soit sédentaire ou nomade.

Ce fut en début d'après-midi que le dragon se trouva récompensé de son attente. Après un voyage riche en découvertes et sensations et qui marquerait à jamais son existence, le dragon fut dirigé par Saphre vers plusieurs réceptacles disposés en cercle. Ces petites structures permirent à chacun de retrouver une pseudo-consistance. Les flux se ralentirent et finirent par s'établir dans ces enveloppes qui n'étaient là que pour permettre aux Orlos de terminer leur voyage. Ces structures étaient formées d'anneaux de plus ou moins grand diamètre, mais ne dépassant guère quelques dizaines de centimètres. Ils étaient bardés de capteurs optiques, sensoriels, chimiques. Ainsi, la majeure partie des sensations du corps étaient retrouvées.

# Le Centre

Ce qui marqua en premier lieu P316 fut l'environnement si différent de tout ce qu'il avait vu auparavant. Il éprouva pourtant un sentiment de familiarité en observant à travers ces multiples capteurs les structures externes du bâtiment qui s'offrait à lui.

- Nous voici au Centre, dit Saphre.

Saphre avait invité P316 à un échange d'impression, tandis que d'autre Orlos s'apprêtaient déjà à se connecter aux différents appareils disposés un peu partout.

- Oui, ici sont installés et regroupés les objets et la mémoire de nos ancêtres. Bien avant nous existaient ce que nous nommons les pré-Orlos, en quelque sorte les Orlos qui vivaient avec les Premiers.

P316 s'abstint de parler, pour l'instant en tout cas. Saphre reprit :

- Je crois que Gus t'a un peu expliqué qui sont les Premiers ?

- Oui, mais brièvement, lui répondit le dragon.

Saphre, ou plutôt ce qui contenait Saphre, se déplaça vers l'intérieur du bâtiment, suivi de près par le réceptacle propre au dragon. Ils débouchèrent dans une immense pièce unique. Dans les quatre coins s'entassaient de nombreux objets.

- Comme tu peux le constater par toi-même, devant toi s'étalent plusieurs générations de machines. Je ne vais pas te les montrer toutes, mais te montrer celles qui peuvent présenter un intérêt pour toi. Regarde dans le fond de la pièce, tu trouveras les plus anciens instruments et en particulier, ce qui ressemble à un assemblage de boîtes superposées et qui sont les ordinateurs solides datant de l'âge du silicium. Ils ne marchent plus évidemment. Nos ancêtres ont été incapables de les faire fonctionner. Devant nous, nous avons des anciens équipements probablement conçus pour mémoriser un très grand nombre d'informations. Eux, non plus, ne fonctionnent plus, ces réseaux matriciels biologiques ont pourtant eu leur heure de gloire.

Les capteurs de P316 suivaient les indications de Saphre, mais s'égaraient de plus en plus vers d'autres sources d'intérêt. Il recherchait ce qui lui permettrait de satisfaire sa curiosité. Pendant ce temps, l'équipe de maintenance faisait son travail. Séquentiellement, des instruments étaient mis en fonction, d'autres éteints. Toute une flopée d'instruments apparaissait et disparaissait sous forme d'images au centre de cette grande pièce.

- ... Nous avons pu étudier et retracer l'évolution des systèmes qu'utilisaient les pré-Orlos. Il faut bien reconnaître que les matrices biologiques de dernière génération leur ont permis un bond en avant technologique important dans la connaissance et l'intégration de données multifactorielles, mais surtout au niveau de...

Dix minutes s'étaient écoulées, P316 n'écoutait déjà plus. Il lança une sonde mentale vers Saphre afin de lui rappeler avec toute la délicatesse requise qu'il souhaitait avoir de plus amples informations sur son monde d'origine.

- Désolé ! L'histoire de mes ancêtres et tout ce qui touche à leur mode de vie me passionne et j'ai tendance à vouloir développer.

Deux des multiples capteurs de Saphre se tournèrent vers le centre de la pièce. Celle-ci s'assombrit un peu plus, ne laissant finalement qu'une faible luminosité au centre. Les autres connections s'interrompirent.

- Nous avons pu, grâce au répertoire optique que tu as sous les yeux, lister tout le contenu du Centre et la fonction des appareils qui s'y trouvent. Regarde, sur cette image est représentée une antenne dirigée vers l'extérieur. En théorie, tous les horizons sont accessibles sur de très grandes distances. Nous n'avons pas étudié la portée de cet instrument, mais elle semble quasi infinie. Cela prendrait un certain temps à Gus de t'expliquer tout cela, mais avec ce type d'instrument nous devrions probablement pouvoir retrouver le monde d'où tu viens.

P316 fit le silence mental le plus complet et attendit. Les quelques Orlos présents s'écartèrent et Gus se plaça à la droite du dragon.

L'objet qui se projeta au centre de la pièce représentait une des protubérances arrondies posées sur le toit du Centre. Une membrane glissa le long de la surface polie de la demi-sphère laissant apparaître une vitre fortement teintée. Cette surface semblait réagir au monde extérieur, au moindre signal venant du ciel. La demi-lune se mit à pétiller, à frémir sous l'impact de milliers d'informations venant de l'extérieur. Le relais se fit instantanément, une représentation de l'espace envahit toute la pièce, projetant des images de naines brunes et de galaxies spirales dans toutes les directions. Puis, les pulsars et les trous noirs firent leur apparition. Des images simples ou multiples ainsi que les raies lumineuses signant la présence de gaz s'ajoutèrent au cortège de couleurs.

- J'ai demandé à Gus de retrouver le passage d'un objet non naturel, sa recherche devrait prendre quelques minutes car ces matrices ne sont malheureusement pas toutes fonctionnelles.

La ronde des images s'arrêta brusquement et se précisa sur un élément qui prit de plus en plus de place au centre de la pièce. Les images parasites s'estompèrent et une petite région de l'univers s'imposa. Au bout de quelques secondes, tous se trouvèrent plongés au cœur d'une galaxie spirale.

-    Gus va pouvoir localiser tes proches.

Les capteurs de P316 étaient maintenant concentrés sur l'unique tache qui apparaissait de plus en plus nettement au centre de l'édifice. Seules quelques étoiles apportaient un peu de luminosité dans une obscurité de plus en plus forte. L'image de l'objet de toutes les attentions demeurait toutefois difficile à stabiliser.

- Regarde, dit finalement Saphre.

La structure apparut nettement avec ses dômes si particuliers et ses multiples excroissances qui donnaient l'impression de se déplacer en continu dans un mouvement de roulis.

- Oui, c'est bien ça, je le reconnais, mais où est-il ? demanda P316.

Gus s'invita dans l'échange mental après une de ses attentions habituelles.

- Il est situé dans notre galaxie, car c'est notre galaxie que nous observons. Et ce petit point au fond, c'est notre planète, Songe, ou la Terre si tu préfères. Ton vaisseau est encore dans la périphérie de notre galaxie, mais il s'éloigne. L'analyse de sa trajectoire est en cours.

P316 semblait ravi, déçu et interrogatif en même temps. Des sentiments contradictoires se mélangeaient en lui attirant aussitôt un contact lénifiant de la part de Gus.

- La vitesse de cet objet n'est pas constante. Une forte accélération proche de la vitesse de la lumière a dû entraîner ton nid bien loin de la zone où se situe la Terre. Cependant, si les prédictions sont bonnes, il devrait décrire une ellipse qui le fera revenir vers nous. Mais cela n'est qu'hypothèse. Trop d'incertitudes subsistent.

Saphre intervint pour couper court au flot d'émotions qui submergeait le dragon.

- Sortons.

Les capteurs de P316 relâchèrent leur attention en direction des formes qui continuaient d'apparaître et de disparaître au centre de la pièce. La lumière se fit moindre et le rythme des équations et des trajectoires hypothétiques de la cité de P316 qui évoluaient dans le volume de la pièce, ralentit et s'estompa peu à peu.

L'astronef venait de quitter la voie lactée.

- Nous devrions rentrer maintenant. Il n'est pas bon de laisser trop longtemps nos corps sans aucun contrôle de l'esprit, même avec les soins dont ils font l'objet. Lorsque nous serons arrivés, j'aimerais te conter l'histoire d'un des nôtres, quelqu'un qui a compté beaucoup pour Gus.

Un des capteurs de Gus retentit, signalant ainsi sa surprise et son approbation. Saphre à cet instant regretta de ne pas pouvoir envoyer en retour un réconfort à Gus à la hauteur de son besoin. Chacun se disposa autour d'un cercle virtuel à côté du centre. Ce faisant, ils devaient faire suffisamment attention de ne pas disposer n'importe où leur réceptacles provisoires. Ils reviendraient plus ou moins rapidement si ce n'était que pour une simple maintenance du Centre. Tous étaient conscients de l'importance de cette installation et de tout ce qui y était conservé. Le départ fut donné par Saphre. P316 et les Orlos ne traînèrent pas. Ils délaissèrent cette fois les graines volantes et les animaux rampants pour un parcours plus direct rendu possible par les touffes herbeuses, les buissons et le cours d'eau rempli d'algues vertes qui poussaient sans difficulté. En quelques heures seulement, ils retrouvèrent leurs enveloppes charnelles. Saphre fut le premier à réintégrer son corps et sans attendre il s'occupa du confort du dragon. Une nuit devrait permettre de prendre un peu de recul. Après tout, ils n'avaient aucune raison de se précipiter dans l'action ni dans la décision de ce qu'ils devraient mettre en œuvre maintenant. C'était un des avantages d'une grande longévité. Les Orlos se laissaient souvent le temps de la réflexion, du temps pour les choses du quotidien ou pour des évènements imprévus, et du temps pour répondre au mieux aux interrogations de P316, il y en aurait bien assez. C'est ce que du moins pensait Saphre, mais à tort.

# Singularité

P316 venait de boucler son tour favori au-dessus des trois lacs. Ses pattes se posèrent sur le promontoire qui désormais lui était familier. Les Orlos lui avaient même aménagé une sorte de mangeoire où il pouvait à sa guise disposer des victuailles qu'il désirait. Toutefois, depuis plusieurs mois, il préférait se ravitailler en chassant des petits mammifères agrémentés tantôt de grosses chenilles provenant du ravin situé de l'autre côté de la cité des Orlos, tantôt de baies géantes qui pendaient en toutes saisons sur le versant de la colline même où était situé son perchoir. Les Orlos ne firent jamais de remarques sur le régime alimentaire de P316, ils savaient qu'un dragon se nourrissait principalement de proies vivantes !

P316 inspecta les lieux en contrebas dans l'espoir d'y apercevoir Saphre, Gus ou tout autre Orlo qui lui aurait apporté des nouvelles récentes du Centre. Des nouvelles de la navette qui l'avait jeté sur cette planète.

Bien que l'accueil qu'il recevait ici était des meilleurs, le besoin de savoir d'où il venait, de connaître ses origines lui revenait sans cesse à l'esprit.

Ce fut Saphre qui arriva le premier suivi de près de deux

Orlos que P316 eut du mal à reconnaître. Gus suivait.

Une fois tous arrivés, P316 descendit un peu de son socle de pierre pour se mettre au niveau de ces compagnons. Malgré cela, sa taille dépassait désormais largement celle de ses compagnons. Le dragon avait en effet pris de la force, ses ailes paraissaient plus solides, plus grandes, sa couleur bien qu'inchangée, offrait des reflets roux plus accentués, ses deux cornes avaient désormais une courbure conséquente.

- Pourrait-on profiter de cette journée pour te parler du déplacement intemporel. Cela te conviendrait ?

- Je ne sais pas... Oui, pourquoi pas.

- En fait, Gus a eu cette idée. Une solution peut-être à ton problème.

Gus poursuivit.

- Nous n'avons que des données incertaines, partielles. Même avec les meilleurs couples de matrices biologiques du Centre, il est difficile de déterminer avec précision la position du nid de notre ami. Un saut intemporel risquerait d'amener notre ami loin de l'endroit souhaité. Heureusement, le risque de se retrouver seul dans le vide et voué à une mort certaine n'est pas possible.

(Onde rassurante de la part de Gus).

- Oui, Gus a raison, cela peut-être trop dangereux pour toi, dit Saphre.

Après un court instant de réflexion, Saphre reprit.

- Mais, peut-être que nous ne disposons pas de tous les éléments nécessaires pour en juger. Nous n'avons pas ou peu exploré toutes les possibilités. Nos ancêtres les pré-Orlos maîtrisaient bien mieux que nous les possibilités qu'offrent les matrices du Centre. Après tout, ce sont probablement eux qui les ont créés. Je sais que Clara non plus ne pourra nous fournir les informations nécessaires...

P316 changea de position, écarta ses ailes puis reprit sa posture préférée. Ailes repliées le long de son corps, queue légèrement inclinée vers son flanc gauche.

Les deux autres Orlos présents retournèrent en direction de la cité sans omettre les salutations d'usage. Tous les reçurent et renvoyèrent en échange un lien d'amitié. P316 regarda Saphre et lui posa une question.

- Il y aurait donc une possibilité pour moi de revenir dans mon astronef ?

- Il est effectivement possible de se déplacer sur de longues distances indépendamment du temps. Mais, les déplacements vers le passé ne sont pas possibles. Le temps est unidirectionnel, il s'écoule toujours dans le même sens.

Gus reprit.

- En revanche, il ne s'écoule pas de la même façon partout. Quelques minutes passées à bord de ton nid correspondraient à toute une vie de l'un d'entre nous.

Saphre esquissa sa mimique habituelle avant de rajouter.

- Le déplacement temporel est assez mal contrôlé. Nous avons peu d'informations provenant de nos ancêtres sur ce sujet et nous ne sommes même pas certains que nos ancêtres maîtrisaient les déplacements dans le temps. Finalement, les seules informations exploitables que nous avons proviennent de l'expérience de Suffe.

Gus tourna la tête en direction de Saphre.

Geste rare pour les Orlos habitués à rester dans la plupart des cas immobiles aux cours de leurs échanges.

- Effectivement, l'un d'entre nous, Suffe, a testé cette possibilité de se déplacer dans l'espace et le temps, reprit Saphre. Gus pourra t'en parler mieux que moi.

Gus cessa toute activité et après un instant qui pouvait en dire long sur ce que pouvait éprouver l'Orlo, il lança une attention mentale, qui lui était propre, puis reprit.

- Suffe avait pris cette décision, il désirait ardemment voir nos ancêtres, c'était son choix et un désir fort.

Gus comme soulagé de reprendre la discussion se fit plus conforme à l'image que le P316 avait de lui, un être doux, doué d'une empathie hors normes et apprécié de tous.

- Suffe avait acquis toute la maîtrise possible du déplacement temporel. D'ailleurs, il a noté une bonne partie de son expérience au sein d'une des matrices du Centre. En fait, il a tenté de voir nos ancêtres sans réussir et est reparti aussitôt sans pouvoir expliquer pourquoi il a échoué.

Saphre en quelques indications mentales privées avait expliqué à P316 les termes de la relation mentale qui reliait jadis les deux Orlos, Gus et Suffe.

Partageant un lien privilégié, ces deux individus ouvraient constamment et sans aucune limite leurs esprits, situation assez rare chez les Orlos.

La fusion dans ce cas était si parfaite que ces esprits ne formaient plus qu'une seule entité, un seul esprit, ou plutôt un esprit double, une symbiose parfaite. Saphre reprit l'échange comme pour soulager Gus de cet exercice de mémoire.

- Nous devrons donc retourner au Centre.

P316 tourna la tête vers le nord en direction du Centre et se prit à rêver d'un voyage vers le ciel, vers l'espace et vers ce qui lui apporterait, espérait-il, une certaine sérénité.

Deux jours plus tard, de nouveau au Centre, Gus et P316 étaient réunis dans le premier hangar visité lors de leur précédente visite.

Gus s'activait à retrouver les indications de Suffe sur les déplacements temporels opérés par ce dernier. Après plusieurs dizaines de minutes, qui pour P316 semblèrent durer des heures, Gus se retourna et dit :

- Ce type de déplacement est basé sur l'établissement d'un double. Un double quantique. Pour résumer, il est possible de se déplacer sur des distances en théorie infinies entre un point et un autre dans la mesure où nous reproduisons entre les deux points une corrélation parfaite dans le positionnement des atomes pour les deux points. En quelque sorte, si la somme d'informations que tu transmets d'un point à l'autre te permet d'obtenir une image parfaite de toi dans les deux points simultanément, tu seras dans les deux lieux à la fois, en un temps donné. Là où réside l'astuce comprise par Suffe, c'est que le temps pour les deux points diffère, pour un déplacement non seulement d'un lieu A vers un lieu B, mais également d'un temps vers un autre temps.

P316 rechercha dans ces capteurs celui qui lui permettrait d'identifier laquelle des petites matrices sur sa droite pourraient reproduire ce que lui expliquait Gus.

- ...de fait, il est possible d'utiliser cette propriété de la matrice, non pas pour se déplacer d'un point à un autre, mais pour établir deux informations ou images parfaites sur une distance définie et d'en arrêter momentanément l'horloge biologique. D'après les informations que nous a laissées Suffe, cette singularité est la base même du déplacement temporel.

P316 contrairement à son habitude avait baissé son attention. Gus s'aperçut de ce relâchement. Il laissa le dragon assimiler ce qu'il venait de lui dire puis reprit le lien mental.

- La matrice dédiée au déplacement a été testée avec succès par Suffe, elle fonctionne visiblement encore très bien et génère les informations suffisantes pour ton voyage.

P316 montrait des signes de fatigue. La journée avait été finalement bien remplie et n'était pas encore terminée, le retour vers la cité restant à faire.

Pourtant, Gus, P316 et leurs compagnons de voyage n'étaient pas encore rentrés, loin de là.

# L'attaque

Gus arriva le premier vers la colline où résidait la colonie. Ils reprirent leur corps respectivement. Le dragon sentit que quelque chose ne se passait pas comme d'habitude. Pas de caresses mentales de Gus, pas de lumières discrètes au loin signalant les préparatifs pour la nuit. Au contraire, un noir d'encre s'était installé. L'absence de lune n'arrangeait rien et rendait même à P316 l'approche difficile de son promontoire, malgré ses yeux aguerris et adaptés aux endroits obscurs.

- Il se passe quelque chose de grave, dit Gus. Je ne contacte aucun des miens.

Pour la première fois, P316 ressentit en provenance de Gus un sentiment d'inquiétude, un besoin d'être réconforté. Mais P316 était malheureusement incapable de conférer de telles attentions. Soudain, une pâle lueur apparut entre les deux bosquets d'arbres qui formaient le centre de la cité. Cette lueur rosâtre s'intensifia dans les rouges jusqu'à atteindre un vermillon sombre, puis disparut progressivement. Saphre, puis de nombreux Orlos, apparurent sous cette lumière faiblissante. Les sondes mentales fusèrent, certaines destinées à P316. Carla s'était entourée d'un halo verdâtre, elle lançait des avertissements dans différentes directions. Plusieurs Orlos la suivirent aveuglément, d'autres s'écartèrent en formant un cercle de plus en plus vaste. Deux Orlos allèrent s'installer au cœur des trois lacs sur le versant ouest, trois autres se dirigèrent vers le sud et disparurent dans la nuit. Carla sembla se calmer et dit :

- La zone est entièrement sous surveillance désormais.

- Merci, répondit Gus. Les deux Orlos se regardèrent avec insistance. Cela faisait si longtemps, en tant que Premiers, qu'ils se connaissaient. Peu à peu, des lumières d'un bleu tremblotant apparurent concrétisant ainsi le cercle. P316 n'eut pas de mal à deviner que cette disposition n'avait pour but que de surveiller les alentours. Mais pourquoi ?

- Nous devons faire face à un grand danger désormais.

Saphre venait de s'exprimer. Son corps s'emblait s'être allongé, surdimensionnant sa silhouette. De nombreux Orlos étaient également regroupés autour de lui. P316 resta un peu à l'écart, attentif.

- Il y a quelques heures à peine, nous avons subi une attaque de la part de créatures ressemblant à notre hôte. A ces mots, un flot important de sondes et d'attentions mentales atteignirent P316. Quelques têtes se tournèrent dans sa direction. P316 surpris comprit que les responsables étaient les dragons présents avec lui dans l'astronef et qui avaient atterri en même temps que lui sur cette planète.

- Bien que le danger soit écarté, nous devons rester très vigilants. C'est pour cela que certains ont volontairement décidé d'assurer une surveillance de notre cité. Et nous maintenons notre protection dissimulatrice au cas où nous en aurions besoin à nouveau. Heureusement, nous ne déplorons aucun blessé.

Clara s'était débarrassée de son auréole. Elle semblait éprouvée et sujette à de nombreuses interrogations. Gus lui prêta une attention toute particulière, il semblait lui-même fatigué. Le voyage, mais surtout ses soins réconfortants à toute la communauté, le mettaient à rude épreuve.

- Je propose d'alerter rapidement tous nos amis résidant aux alentours. Ils sont probablement eux aussi en danger, dit Saphre.

- Je peux vous apporter mon aide si vous le souhaitez. Surveiller les environs du ciel par exemple.

P316 venait de s'exprimer sans avoir omis de minimiser sa présence, comme poussé par un sentiment de culpabilité, Il avait honte de son espèce.

- Effectivement, ton aide sera précieuse. J'ai peur pour nos installations souterraines.

- Et je suis surtout inquiet pour les Orlos, reprit-il. Ils ne sont plus habitués à ce genre de situation.

P316 venait de descendre d'un cran de son perchoir et se trouvait maintenant proches des Orlos et de Saphre en particulier.

- Et le Centre ?

- Oui, en effet, le Centre est peut-être vulnérable. Nous devrions nous en occuper également.

Saphre avait à peine fini sa phrase qu'une charge mentale envahissait tous les esprits présents. Les cités situées plus au nord venaient de subir des pertes, et des Orlos venaient de mourir. Les informations se précisaient, plusieurs dizaines d'Orlos étaient victimes des créatures ailées. Gus ne savait plus où donner de la tête. Son attention était entièrement orientée vers ses proches. Réconfort. Soins.

Sur une injonction de Saphre, plusieurs Orlos

constituèrent des petits groupes qui partirent dans les quatre directions. Le voyage extracorporel était proscrit, impensable, trop dangereux. Des bulles translucides apparurent çà et là. Celui qui venait de transmettre l'information des cités du nord ne cessait de décrire comment certains de leurs proches avaient péri, happés pendant leur fuite. Certains au début avaient tenté de communiquer, sans succès ! Plusieurs cercles de corps allongés avaient été déchiquetés par les « grands verts », c'est comme cela que les Orlos les dénommaient maintenant, les « grands verts ». Maintenant, les esprits de plusieurs Orlos voyageraient sans but, et finiraient par épuiser leur énergie. D'autres peut-être se réfugieraient dans les réceptacles du Centre ou dans ceux présents aux alentours de leur cité. Mais à quoi bon maintenant ? De mémoire d'Orlos, un tel désastre n'avait jamais eu lieu. Même les épidémies et les maladies qui apparaissaient avaient été contrées et les pertes limitées. P316, ne tenant plus en place avait pris son envol, là encore en évitant de déployer ses ailes trop largement afin de ne pas amplifier le sentiment généralisé d'insécurité qui désormais régnait sur la cité. Le dragon n'avait qu'une idée en tête, monter dans le ciel, fendre les quelques nuages présents dans cette nuit noire, mais une voix dans sa tête retentit.

- Mon ami, pars avec qui tu veux, tu dois rejoindre le Centre et t'y installer pendant quelques temps en attendant que la situation se stabilise.

Saphre venait de s'adresser à lui, Gus et Clara à ses côtés.

Gus se proposa de l'accompagner. Il semblait désormais épuisé par son effort auprès des autres Orlos. P316 se posa près de lui et lui proposa de monter sur son dos. Les jambes frêles de Gus pendaient de chaque côté, à la base de son cou. P316 s'élança. Le ciel commençait à s'éclairer, le jour allait se lever. Le soleil encore timide apportait cependant un certain réconfort auprès de tous. Gus avait fermé son esprit, ses yeux se portaient à l'horizon. Très peu d'Orlos vivraient cette expérience : survoler les plaines, les collines et les cours d'eau à dos de dragon. En fait, personne d'autre ne ferait cette expérience, dommage que ce soit en de telles circonstances. Le cœur n'y était pas. Tout en s'éloignant, P316 jeta un coup d'œil en direction de certains groupes d'Orlos. Mais en vain, il accéléra. Saphre et Clara, après avoir vérifié et sécurisé l'accès aux installations souterraines, avaient rejoint un petit groupe de quatre Orlos. Ils s'enfonçaient dans le bois situé à l'est des trois lacs. Celui-ci ne constituait aucunement un raccourci, mais il conférerait, du moins l'espéraient-ils, une protection suffisante. Bien que leur vitesse de déplacement n'ait aucune commune mesure avec le voyage extracorporel à travers des hôtes, un observateur externe pourrait être surpris de voir comment ces êtres à l'allure si fragile étaient capables d'une telle vélocité dans certaines circonstances. De leur côté, les Orlos partis en quête d'informations trouvèrent ce qu'ils redoutaient. Plusieurs cités avaient fait l'objet d'attaques des grands verts ; malgré tout de nombreux survivants avaient été retrouvés. Les Orlos se rassemblèrent peu à peu et finirent par constituer un groupe important.

-Je vous propose de prendre le sentier qui longe le ravin. Les gorges sont étroites et devraient nous offrir une protection suffisante. Les cavernes sont un refuge assez sûr. De plus, nombre d'entre nous auront l'idée d'aller se réfugier à l'intérieur de ces cavernes.

De nombreux visages acquiescèrent. Rares étaient ceux qui n'approuvaient pas les conseils de Saphre.

- Il semblerait que les attaques aient cessé. Aucune nouvelle des grands verts, ou alors ils sont partis très loin.

Les Orlos s'engagèrent dans le défilé. Le sentier assez étroit était bien tracé. Probablement un sentier utilisé par de nombreux herbivores qui rejoignaient les étendues herbeuses plus au sud ou venaient se désaltérer en contrebas. Le jour commençait à faire place à la nuit. La distance rendait maintenant impossible le contact entre Gus et les autres Orlos. Ils devraient se résoudre à rester sans nouvelles pendant un certain temps. P316 sentit une certaine tristesse émaner de Gus, il était certainement l'Orlo qui souffrait le plus d'une séparation d'avec les siens. P316 réalisa que Gus avait accompli un geste significatif en décidant de l'accompagner et de s'éloigner ainsi des siens.

Deux jours avaient passé, et Gus et P316 parcouraient les derniers kilomètres qui les séparaient du Centre. Enfin, le dragon atterrit avec délicatesse à côté du bâtiment principal du Centre. Ce voyage avait finalement permis à P316 et Gus d'atténuer la tristesse ressentie la nuit passée. P316 n'avait jamais volé aussi vite, lui semblait-il. Une telle distance, c'était un exploit aux yeux de l'Orlo. Tout semblait calme, Gus se dirigea vers l'entrée principale.

- Rien d'anormal. Ces créatures de cauchemar ne sont donc pas venues ici.

A ces mots, Gus se rendit compte qu'il venait vraisemblablement de blesser P316. Il envoya une caresse mentale qui eut pour effet de déclencher un rictus sur le visage du dragon. Un sourire probablement. Avant de pénétrer dans le bâtiment, Gus prit la précaution de placer un petit panneau lumineux à l'entrée. Pour P316, cette capacité que possèdent les Orlos à générer des écrans de couleur allant du pastel aux couleurs tenaces resterait toujours un mystère. Les Orlos ne disposaient pourtant que du strict minimum en matière de technologie. Hormis leurs vêtements constitués d'un revêtement ajusté au plus près de leur corps (ce qui les rendait encore plus filiforme), rien ne dépassait de leurs silhouettes. Pourtant, ces formes lumineuses apparaissaient comme par enchantement. D'un autre côté, lui-même n'avait besoin de rien de plus. Ses griffes acérées, ses ailes surtout lui apportaient entière satisfaction.

- Viens, nous ne devons pas perdre de temps. Une attaque pourrait survenir maintenant et tous nos efforts pour que tu puisses retourner sur ton astronef seraient réduits à néant. S'il se passe quelque chose nous en seront avertis.

En disant cela, Gus désignait le petit rectangle bleu pâle qu'il avait fait apparaître deux minutes auparavant sur le pas de la porte.

P316 réalisa que c'était la première fois qu'il était là dans son propre corps. Il regardait le module qu'il avait intégré la dernière fois, avec tous ses capteurs. C'était étrange de voir cela de l'extérieur.

Gus sourit, il n'avait pas fait depuis plusieurs jours maintenant, ce qui pour Gus est assez rare.

Saphre et de nombreux Orlos avaient rejoint l'entrée des cavernes. Saphre ne fut aucunement surpris de découvrir des Orlos déjà occupés à les installer, nombre de panneaux furent disposés à leurs entrées. Ces abris de pierre donnaient directement sur la plaine, sorte de steppe constituée de broussailles plus ou moins abondantes. Les salutations prirent un certain temps comme pour apaiser les tourments de ces derniers jours passés. Leurs histoires étaient tristement similaires. Les attaques survenaient au lever du jour. Rapides, surprenantes, ne laissant pratiquement aucune chance pour la fuite. Les « grands verts » au nombre de trois, attaquaient par vague avec une rage dévastatrice. Leurs yeux perçants laissaient peu de chance aux Orlos pour la dissimulation. Les écrans protecteurs établis à la hâte fléchissaient et n'apportaient qu'une piètre protection. D'autres Orlos arrivèrent dans les jours qui suivirent, puis le flux cessa. Plus de vingt jours depuis la première apparition des « grands verts » s'étaient écoulés.

# Vers l'astronef

Gus s'activait, comme pouvait le faire un Orlo, ses doigts allaient d'un pupitre à l'autre. Maintenant, il maîtrisait cette multitude de boutons, poussoirs et enregistreurs vocaux. Les images au centre de la pièce, tout comme les fois précédentes, prirent placent, s'entremêlèrent un instant puis se répartirent dans l'ensemble de la pièce.

Pendant que P316 attendait anxieusement, Gus se concentra pour localiser précisément l'astronef, malgré la distance, et préparer la procédure de déplacement temporel. Alors que le dragon se résignait à une attente prolongée, Gus annonça :

- Le déplacement temporel est prêt : rien ne t'empêche de partir maintenant.

Une ultime hésitation étreignit le dragon.

- Comment être sûr que tout se passera bien ? Et comment savoir si je serai entier et vivant à l'arrivée ?

- Ne t'inquiète pas. Ces matrices calculent au mieux les déplacements. Si pour une raison quelconque le voyage ne peut pas se faire, rien ne se passera. La seule inconnue, c'est ce que tu trouveras là-bas.

Une multitude de questions l'assaillaient. La réalité s'imposa au dragon. S'il partait maintenant, il partirait sans dire au revoir, ou plus certainement adieu, à aucun des Orlos, hormis Gus, qui se tenait devant lui et semblait partager son émoi.

- Tu peux partir tranquille si tu le souhaites. Je transmettrai tes adieux, tu peux me faire entièrement confiance.

La nuit était tombée dehors, indifférente au sort de Gus et de P316, ou à celui des Orlos refugiés dans leurs cavernes situées plus au nord. La fatigue cependant accumulée dans les corps rappela la nécessité de respecter les rythmes biologiques ; P316 comme les Orlos étaient des êtres vivants ayant besoin de repos. Ils décidèrent d'aller dormir avant de tenter le déplacement.

La dernière nuit pour P316 ne fut pas des plus reposantes. Trop d'images défilaient dans la tête du futur voyageur. Gus fut le premier à s'éveiller. Il alla dehors prendre de quoi se restaurer. En cette saison, les fruits abondaient et constitueraient un repas bien suffisant pour les deux convives. Un dernier repas pour P316 sur cette planète. Un dernier repas sur Songe. Un dernier repas sur

Terre, qui se déroula sans aucune hâte. Avec une sérénité qui avait fait défaut ces derniers jours. Les fruits avaient une saveur des plus agréables. L'absence de chenilles ou autres aliments qui convenaient mieux à P316 ne semblait avoir aucune importance en ce jour.

Gus laissait entrevoir à P316 certains aspects encore inconnus des Orlos, l'étendue des communications non verbales ainsi que leurs effets. Pensées rassurantes, encourageantes, oui, P316 avait déjà reçu maintes fois ce genre d'attentions. Mais des pensées construites, élaborées ensemble, apportaient une dimension nouvelle avec une satisfaction de complicité et de communion.

P316 entrevit à quel point ces échanges étaient essentiels pour les Orlos. Le repas prit fin. Gus reprit les calculs et finalisa la trajectoire. Il suggéra de faire d'abord des essais en projetant simplement des images. Trente minutes plus tard, il était prêt. Pas de « grands verts » à l'horizon. Le voyage pouvait se faire. P316 était lui aussi disposé à faire quelques essais et par la suite rejoindre son astronef.

Un bruit retentit à l'extérieur. Gus sourit et dit.

- C'est Clara, elle est venue nous aider. Elle fait partie

des Premiers et connaît beaucoup de choses. Sa présence sera une bonne chose.

- Je suis partie juste après vous mais ce ne fut pas facile de vous suivre, j'ai dû bricoler un peu mes bulles de transport.

Clara avait un rictus qui ressemblait tout de même à un sourire.

P316 connaissait peu de choses sur Clara. Elle avait ce petit côté mystérieux attirant et si différent de la plupart des Orlos, du moins des Orlos que le dragon avait côtoyés. Elle fit son entrée, et discrètement se plaça à la gauche de Gus, légèrement en retrait de celui-ci et les observa. Pendant les trente minutes qui suivirent, Gus et Clara firent des essais de voyages intemporels. A en croire Clara, l'image du dragon voyageait aux quatre coins de l'univers. Ce déplacement ne prenait que quelques secondes. Mais l'image même pouvait perdurer plus ou moins longtemps, cela dépendait du déplacement des astres entre eux. Ils se préparèrent enfin au vrai déplacement. Les images dansaient au centre de la pièce, l'astronef apparaissait et disparaissait. Le signal n'était pas stable pour l'instant. Gus ajusta encore quelques paramètres. L'astronef réapparut plus nettement bien que plus éloigné. Le voyage intemporel pouvait enfin être effectué. P316 se plaça à l'endroit indiqué par Gus. Une dernière caresse mentale, pensée rassurante. Un dernier regard de la part de Gus. P316 n'eut que le temps de cligner les yeux qu'il était dans un autre monde. Et à sa grande surprise, Clara aussi !

Son regard se dirigea dans un premier temps vers l'endroit où ils avaient « atterri ». Une pièce plus exiguë que celle qu'ils avaient quittée quelques fractions de seconde auparavant. Il n'y avait pas grand-chose à l'exception de grands containers alignés sur leur gauche.

Clara était muette mais avait pris malgré tout le soin de rassurer le dragon. Sa présence était un choix délibéré, mûrement réfléchi. S'ils étaient là tous les deux, c'est que tous les éléments qui constituaient leur enveloppe physique étaient bien présents à bord de l'astronef, sinon le déplacement n'aurait pas pu avoir lieu.

Le regard de P316 se porta désormais vers l'extérieur. La vue qui s'offrait à lui était grandiose. A travers cette surface transparente, une multitude de dômes de différentes tailles reliés les uns aux autres formaient comme une de ces chenilles multicolores dont il raffolait.

Certains de ces dômes semblaient dans la pénombre à peine éclairés par ses voisins. D'autres, au contraire, étaient baignés d'une intense lumière. Un dôme attira particulièrement son attention. Ce n'était pas le plus important en taille, mais une myriade d'objets tournait autour de lui, traversant l'espace pour aller vers d'autres dômes ou pour revenir par une autre entrée.

P316 déplia ses ailes pour se détendre un peu. Il n'avait rien ressenti pourtant de son déplacement. Plusieurs minutes s'étaient écoulées maintenant, il était temps de faire quelque chose, d'explorer les environs, de rencontrer ceux qui vivaient ici. Retrouver ses origines. P316 se demanda si un jour il reverrait ses amis de Songe. La présence de Clara lui apporta un réconfort tout particulier.

Loin, très loin sur Terre, les Orlos qu'avait connus P316 avaient déjà probablement tous disparu.

*Fin de la première partie*

# DEUXIEME PARTIE

## L'AGE DES HOMMES

## Vision dans la neige

Le froid n'était pas plus mordant ce matin-là que les jours précédents. La neige était tombée comme à l'accoutumée une bonne partie de la nuit. Les membres qui constituaient les trois familles occupant la grotte supérieure se réveillaient progressivement. Les derniers seraient comme toujours les enfants et les premiers ceux chargés de réactiver le feu situé au centre de la grotte.

Tandis que les bûches étaient placées au centre des braises, l'homme borgne revêtu de peaux bien ajustées, qui s'était contenté jusqu'à maintenant de regarder ses compagnons s'activer autour du foyer, s'approcha de la sortie. Il souleva l'assemblage de peaux qui constituait le seul rempart contre le monde extérieur. Ce paravent était doublé et attaché à la roche judicieusement. C'était l'unique ouverture de la grotte. Cette porte rigidifiée par le froid venu de dehors était d'une incroyable efficacité et maintenait en vie plus de vingt individus en cette période de grand froid. Une fois à l'extérieur, le constat était le même que les jours précédents, neige à perte de vue. Pourtant, le ciel était dégagé et promettait un réchauffement. L'homme ajusta ses protections en bois sur son nez. Ainsi équipé, il pouvait maintenir son regard à travers deux fines fentes sans être aveuglé. Son regard parcourait les collines avoisinantes recouvertes de neige mais où perçaient çà et là des buissons témoins de saisons plus favorables.

Le vent ne soufflait pas. Comment expliquer alors les envolées de neige au sommet du promontoire se situant juste en face de la grotte à peine plus de cinquante mètres plus loin ! Cela intrigua l'homme. La neige s'envola plusieurs fois encore. Soudain surgirent plusieurs lapins qui s'égaillèrent dans tous les sens. L'homme fronça encore plus les yeux afin de mieux appréhender la silhouette devant lui. Elle ne bougeait pas et ressemblait étrangement aux volatiles de la grotte et qui passaient la plupart de leur temps accrochés au plafond rocheux la tête en bas. La taille, cependant, de ce qu'il avait sous son œil valide était nettement plus importante. Pendant un court instant, le borgne eut l'impression de croiser le regard de la créature ailée. L'homme hésita, devait-il rentrer dans la grotte pour avertir ses proches ou se diriger vers l'endroit où la chose était apparue. Puis, soudain, la créature disparut. Le danger écarté, l'homme se dirigea vers l'emplacement où se tenait quelques instants auparavant cet animal si étrange. Rien. Plus rien, pas même des traces dans la neige pouvant témoigner qu'il n'avait pas rêvé. La neige se remit doucement à tomber. L'homme se retourna, songeur. Il devait préparer la prochaine chasse. La survie de son clan en dépendait.

# L'assemblée

- Je vous le dis. Vous pouvez me croire. Il était là, dressé devant moi. Ses ailes géantes et son regard de feu.

- Oui, un dragon comme ceux décrits dans les documents que nous a laissés Pline l'ancien à son retour.

- Hérésie, cria une voix.

- Non, non. Il était bien réel.

- Il est apparu puis soudain a disparu. Mais je vous assure, je n'ai eu nulles visions.

- Les dragons n'existent pas, ce ne sont que des contes pour enfants. De la mythologie, rien de plus, s'exclama une autre voix. En l'an 1020, entendre cela !

Maître Jousa se rendit compte qu'il serait difficile, voire impossible, de convaincre l'auditoire. Il devrait même ne pas insister, cela pourrait se retourner contre lui. Il ne serait pas le premier à être fortement châtié pour de tel propos.

Le recours à la peine de mort était si promptement proposé ! Surtout si certains fanatiques religieux s'en mêlaient.

Et dans la salle, il y en avait de toutes sortes.

- Ecoutez-moi, bien sûr tout le monde peut se tromper, mais l'existence des dragons ne peut être purement et simplement niée de la sorte.

Nombreuses sont les représentations et les témoignages anciens de leurs existences. Pourquoi donc...

- Aucune preuve n'atteste formellement de leur existence présente ou passée. Alors, assieds-toi, et passons à autre chose. Nous avons d'autres affaires pressantes à traiter.

L'homme qui lui avait ordonné de se taire et de s'assoir s'était redressé. Il portait une longue robe écarlate qui accentuait son autorité.

Pendant un court instant, maître Jousa eut la tentation de répliquer, puis finalement, il trouva là l'occasion de ne pas s'attirer des ennuis.

Il se rassit donc sur le banc parmi les siens et fit silence.

Certain regards s'appesantirent encore sur lui. Puis rapidement, un autre sujet fut introduit et discuter au sein de l'assemblée.

Peu à peu, l'assemblée l'ignora, lui et son dragon.

# Apparition

L'avion qu'Anatole et Bruno devaient prendre était celui de 9h35 au départ d'Orly. Ils étaient invités à faire une présentation sur leurs récents travaux dans le cadre de la 23ᵉ conférence européenne sur les biotechnologies et l'ingénierie du vivant prévue à Rome du 6 au 11 juin 2019. Ils avaient rejoint le satellite du terminal et il ne leur restait qu'une demi-heure à attendre.

- Anatole, c'est bon, l'avion n'a pas de retard.

Anatole était plongé dans la brochure du congrès et avait à peine levé les yeux sur Bruno. C'était la deuxième fois que Bruno emmenait son étudiant en congrès. Présenter ses travaux faisait partie de la formation d'un jeune doctorant. Ce congrès était également l'occasion pour Bruno de reprendre certains contacts et d'engager d'autres collaborations dans son domaine de recherche. Leur activité portait sur la fécondation et le développement in vitro. L'équipe mettait en place en autres l'automatisation des processus de contrôle de la synthèse et la biodisponibilité des facteurs de croissance. L'idée était de mimer au mieux les processus du développement embryonnaire chez les oiseaux observés dans la nature.

Anatole était toujours plongé dans le document. Brave petit ! Les minutes passèrent.

- C'est bon, l'embarquement commence, tu viens ? demanda Bruno.

Anatole porta son regard vers la petite cafétéria « La dernière chance ». Il hésita un instant, puis se leva, en souriant.

- C'est bizarre, j'ai vu dans le reflet de la vitre la forme d'un dragon ! Faut que j'arrête de picoler grave.

- Le vol dure 1h 30, c'est ça ? reprit-il.

- Oui à peu près, lui répondit Bruno.

L'embarquement fut rapide, ils eurent juste le temps de récupérer quelques journaux avant de rentrer dans l'avion, ce qui était de plus en plus rare, désormais !

- T'as pris quoi, Bruno ?

- Charlie Hebdo.

Anatole prit place au côté d'une charmante créature. Sa chevelure rousse était abondante. Bien qu'elle fût assise, on pouvait voir qu'elle était de taille modeste. Une petite fossette apparaissait à chaque sourire. Et ce qui devait arriver arriva, Anatole craqua littéralement pour cette inconnue. C'était charmant à voir. Elle s'appelait Clara et, serait-ce le jeu du hasard, était biologiste et se rendait dans le même congrès, au grand ravissement d'Anatole.

## Un voyage au-delà des étoiles.

L'embarquement prit un certain temps. Des dizaines de containers étaient déposés sur le quai. Le départ était programmé pour dans trois jours, mais au vu de la charge de travail et de toutes les tâches restantes à faire, semblait peu probable. Pourtant, les délais seraient respectés. Les équipes chargées d'embarquer l'appareillage et suffisamment de vivres pour le voyage s'activaient. Elles procédaient sans empressement ce qui pouvait paraître surprenant ! Il est vrai qu'elles n'en étaient pas à leur premier essai. Plusieurs dizaines de convois avaient déjà été organisés et expédiés. Et puis, la Lune n'était pas non plus le bout du monde ! La base lunaire *Xu Zhimo* était opérationnelle depuis plus de 25 ans maintenant. Sa superficie n'était pas très importante, mais ses capacités d'accueil l'étaient. *Xu Zhimo* pouvait recevoir plus de six transporteurs en même temps et possédait toute l'infrastructure correspondante.

Bruno avait hâte de voir cela. Anatole était du voyage, Clara aussi. Anatole était désormais responsable de l'unité de recherche, et son voyage était prévu depuis plusieurs mois. Bruno, lui, n'irait pas plus loin que la lune, c'était déjà bien. Clara avait rejoint le groupe de recherche d'Anatole. Elle avait apporté un regard nouveau sur l'activité de l'équipe de recherche et fortement contribué à sa reconnaissance internationale.

A partir des années 2045, malgré des tensions et un certain nombre de drames sociaux, des changements importants et significatifs avaient eu lieu sur Terre. Ce que l'on pensait utopique dans les années 2000 se réalisa en partie cinquante ans après. L'individualisme, la société de consommation comme mode de vie, le superflu et la domination de l'argent, tout cela avait fortement régressé laissant place à un partage plus harmonieux des ressources. Parallèlement, les avancées scientifiques avaient rendu possible le « mieux vivre ensemble », mot d'ordre des années 2030. C'est à partir de 2065 que l'exploration spatiale prit une toute autre dimension. Les connaissances accrues du monde extérieur avaient permis d'envisager sérieusement une colonisation vers d'autres cieux. L'homme ne pouvait plus se contenter de vivre uniquement sur Terre. Les voyages s'organisèrent et se multiplièrent. La Lune fut la première colonisée.

Des bases permettant de courts séjours sur les planètes

avoisinantes de notre système solaire furent également rapidement installées. La première qui vit le jour était une plateforme sur Europe. Cette plateforme, du nom d'Arthur C. Clarke en l'honneur du célèbre auteur de science-fiction du siècle précédent, permit de poser les pieds durablement sur une planète autre que la Terre ou la Lune. La plateforme construite grâce à une remarquable participation internationale fut installée et rendue opérationnelle et cela en plein remaniement et disparition des frontières, comme un symbole. La base lunaire *Xu Zhimo* fut installée dans le même esprit, sa vocation étant de fournir un tremplin vers l'espace. La mécanique «made in space», ou l'art de construire dans l'espace, connut des progrès fulgurants. Ces avancées étaient si importantes que, désormais, il paraissait évident que la construction de transporteurs d'astronefs et autres bâtiments adaptés à la vie dans l'espace ne devait plus se faire qu'au-delà de l'atmosphère terrestre.

Ceux qui souhaitaient participer au voyage vers les étoiles purent enfin embarquer. La plupart du temps, ces groupes étaient constitués de familles entières qui s'étaient portées volontaires pour l'aventure, généralement en dehors du système solaire. De nombreux techniciens et ingénieurs faisaient également partie du voyage, sans oublier ceux en charge de la vie courante. La cuisine spatiale était désormais considérée comme des plus select !

Anatole supervisa rapidement l'embarquement de son équipe et vérifia que tout se passait comme prévu. Pour sa part, Bruno prit un petit élévateur avec certaines autres personnes avant de rejoindre Anatole qui s'était déjà confortablement installé auprès de Clara.

Le voyage fut assez rapide, et l'approche de la base *Xu Zhimo*, située sur la face éclairée de la lune et visible de la Terre, des plus intéressantes ! Avec une simple paire de jumelles. La vision fut vraiment impressionnante. Des lumières partout. Des bâtiments qui constituaient la partie centrale s'étendaient et se prolongeaient dans différentes directions. Quelques-uns de ces prolongements étaient eux même reliés à des bâtiments qui ne pouvaient être autre chose que des vaisseaux, des astronefs. Bruno avait souhaité voir cela depuis longtemps. Que de temps passé, depuis ses premières années d'études en biologie, que d'évènements vécus. Franchement, il n'aurait pas pensé pouvoir vivre et voir tout cela.

« Alunissage dans 6 minutes » venait de retentir des haut-parleurs.

- Bruno, on arrive !

- Merci Anatole, j'ai vu.

L'alunissage s'effectua en douceur. Seuls les passagers et leurs valises furent débarqués. Le reste serait vraisemblablement acheminé directement sur le vaisseau affrété pour l'espace. Ils empruntèrent une grande passerelle vitrée qui permettait d'observer la totalité de la zone de départ des vaisseaux pour l'espace.

Anatole en eut le souffle coupé. Il était pourtant prévenu, la vision de l'assemblage gigantesque, lui fit lâcher son expression favorite.

- La vache !

Pas une seule paire d'yeux ne manquait le spectacle. Anatole resserra son étreinte autour de la délicate silhouette de Clara. Devant eux, un vaisseau gigantesque. Le chapelet de modules hémisphériques rattachés les uns aux autres par de petites passerelles semblait infini. Ce gigantesque vaisseau portant le nom de Rénata était doté à une de ses extrémités d'une sphère imposante possédant en son centre un diaphragme qui devait certainement être le propulseur à proton. Ce qui attirait plus encore le regard, c'était les trois parties centrales, les plus grandes, les plus éclairées, d'où l'on pouvait entrevoir la présence d'une multitude de serres. A peine huit années avaient suffi pour construire le gros œuvre et un an supplémentaire pour rendre opérationnelles ces infrastructures. Un vrai exploit réalisé par les ingénieurs chargés de sa construction !

Il s'agissait que du second vaisseau de ce type, conçu pour un voyage de longue durée. Le premier, quatre fois plus petit, était encore à la périphérie de notre système solaire, un peu au-delà de la ceinture de Kuiper. Les sourires apparurent sur de nombreux visages présents. Les rêves de plusieurs générations s'accomplissaient. Débordant de la face cachée de la Lune, on pouvait entrevoir un essaim d'engins de tailles et de formes diversifiées. Un futur bâtiment prenait forme. Les observateurs se détournèrent enfin de la baie vitrée. Ils reprirent tous leurs effets et se dirigèrent vers les bâtiments de vie. Un repos bien mérité avant de nouvelles aventures ! Nul doute que les rêves seraient nombreux cette nuit, comme préambule au voyage au-delà des étoiles.

Leur séjour sur la base *Xu Zhimo* devait durer moins d'une semaine. Le retour sur Terre était prévu dans exactement six jours ce qui laisserait le temps à Bruno de visiter le complexe. Pour Anatole et ses collaborateurs, cela ne faisait que commencer. D'abord, une prise de contact avec l'astronef était prévue dès le lendemain, puis ils devraient se rendre sur le transporteur pour continuer au-delà des étoiles. Un voyage de plus de six ans ! A priori, car si la destination était connue et la durée calculée, ces voyages restaient tout de même assez aléatoire. Qui savait ce qui pouvait se passer !

Les jours passèrent très vite. A peine arrivé sur la Lune, Bruno devait déjà embarquer à nouveau pour retourner sur Terre. Il se consolait en pensant aux quelques années qui lui resteraient à vivre sur la bonne vieille Terre, quelque part dans les Pyrénées en France.

# La vie s'organise

La vie s'organisait doucement à bord de Rénata. Le personnel s'activait dans la zone réservée aux activités purement scientifiques, de recherche et développement. Cela faisait déjà deux semaines que le vaisseau avait quitté la Lune. Ni la Terre, ni la Lune n'étaient plus visibles désormais. Clara n'était pas du voyage. Une contrainte médicale l'avait finalement obligée à renoncer à son départ. Clara avait appris cette soudaine nouvelle sur la base lunaire. Elle devait rentrer sur Terre pour des analyses poussées et une thérapie adaptée. Six années de séparation, c'était pour Anatole et Clara une épreuve douloureuse à traverser. Clara manquerait à Anatole bien sûr, mais également à toute l'équipe. Il fut convenu que Brigitte l'une des plus proches collaboratrices et amie de Clara prendrait la succession au sein du groupe de recherche.

- Brigitte, n'oublie pas notre rendez-vous à 14 h pour l'approvisionnement en azote liquide, pressa Anatole.

- Non, ne t'inquiète pas.

Brigitte était assez petite. C'était une femme pleine de ressource. Elle portait le plus souvent une natte africaine. Ses cheveux châtain clair ainsi maîtrisés lui dégageaient le visage et faisait ressortir ses pommettes. Brigitte avait connu les joies de l'enfantement. Une fille de 17 ans l'accompagnait sur ce vaisseau. A peine plus grande que sa mère, mais tout aussi séduisante. Brigitte travaillait avec Anatole depuis plus de 10 ans et s'entendait parfaitement avec lui. Elle avait su s'arranger du caractère pas toujours facile de ce collègue ; il avait ce petit défaut d'être un peu caractériel et s'emportait assez facilement.

Brigitte traversait un long corridor. Elle avait fait un petit détour afin de profiter de la vue qu'offraient les grandes baies vitrées des deux côtés du corridor qui séparait l'unité génétique de l'unité de bio-production expérimentale. La réserve des embryons congelés était située un peu à l'écart. Brigitte ne se lassait pas encore de contempler l'immensité de l'espace. Cet espace n'était jamais sombre. Une lumière même lointaine était toujours présente. Les couleurs tantôt chatoyantes tantôt plus diffuses attiraient les regards naturellement, même après trois mois de voyage. Brigitte en profita également pour admirer l'ingénieux système qui permettait d'obtenir une gravité proche de celle que l'on avait sur Terre. La rotation qui permettait d'acquérir cette gravité indispensable à la physiologie humaine avait remplacée depuis quelques années par cet ingénieux système. L'attraction atomique maîtrisée était tout à fait adaptée à ce type de vaisseau de forme si particulière.

Brigitte ne pouvait voir que les bords de cette mécanique responsable de la gravité au sein du vaisseau. Sa faible épaisseur la rendait encore plus discrète, seul un œil exercé pouvait repérer facilement l'assemblage de capteurs reliés aux multiples micro-générateurs. Tout en avançant, Brigitte regarda sous son pied droit. Elle savait qu'une fois posée l'extrémité de son pied, le poids exercé sur le sol serait calculé quasi instantanément et réévalué en temps réel. Une force d'attraction sur son pied, sa jambe et son corps lui donnerait progressivement la sensation familière de pesanteur. Tout subissait cette attractivité. Objets, personnes, rien n'échappait à cette force, ni même les objets en suspension, détectés et ramenés au sol quasiment comme s'ils avaient été soumis à l'attraction terrestre. Ce système était l'une des réalisations les plus prodigieuses de la part des ingénieurs du vol spatial. A tel point que maintenant plus personne ne faisait attention à ce phénomène. La gravité zéro et ses complications n'étaient désormais qu'un souvenir. Sur Rénata, seul un petit dôme situé au trois quart avant gardait une absence de gravité. Des yeux aguerris pouvaient y distinguer de petites formes flottantes, des hommes probablement.

Brigitte hâta un peu le pas pour ne pas être en retard. Anatole était plutôt pointilleux avec les horaires et un peu irritable en l'absence de sa Clara chérie. Mais Brigitte savait gérer les humeurs de cet homme. Après avoir rejoint Anatole et s'être attachée à surveiller le remplissage des cuves à azote, Brigitte s'assit en face du grand moniteur principal. L'écran s'alluma, occupant la plus grande partie du mur. Anatole avait déjà visiblement bien avancé dans la programmation. Les caractères qui s'affichaient, puis disparaissaient aussitôt témoignaient de son travail. Il ne leur restait qu'une heure avant que le restaurant n'ouvre ces portes. Aujourd'hui, c'était animation crêpes. Et ça, Anatole ne voulait en aucun cas rater ça. Le repas était un vrai moment de convivialité et de partage essentiel dans la vie de la petite communauté à bord du Rénata, tout de même composée de plus de deux mille individus. Brigitte commanda à l'unité centrale la mise en route du programme numéro 56. Ce programme avait été conçu pour explorer l'impact du changement de sexe au cours du développement des Lonchura striata domestica. Cette transformation chez ce petit oiseau domestique, provoquée expérimentalement, s'était avérée un modèle des plus intéressants pour étudier la plasticité génétique en fonction de la température. Un des nombreux axes de recherche du groupe d'Anatole comportait l'adaptabilité induite pendant l'embryogenèse des oiseaux. Ces recherches s'inscrivaient dans un programme certes plus vaste, mais avaient également reçu un soutien important de la bio-informatique. Les solutions proposées par les nouveaux bio-calculateurs faisaient des adeptes au sein du groupe, et Brigitte était l'une de ces personnes. Elle pouvait passer des heures à converser avec ces interfaces. Cela restait toujours un réel plaisir de découvrir le matin le fruit de ces suggestions et la façon dont les automates sous l'impulsion du bio-calculateur avaient élaboré et réalisé les programmes.

Avec les repas, la correspondance avec la Terre faisait partie des activités les plus prisées. Bien sûr, ces échanges prenaient de plus en plus de temps en raison de la distance grandissante entre la Terre et l'astronef. Pour Anatole, ils étaient vitaux. Il passait chaque jour beaucoup de temps à discuter avec Clara. Il prenait de ses nouvelles, Clara allait beaucoup mieux et sa convalescence lui permettait de reprendre ses activités de recherche. En fait, elle reproduisait sur Terre ce qui se réalisait sur Rénata. Le projet de bio-ingénierie assistée se développait dans son laboratoire avec les moyens disponibles sur Terre, elle partageait totalement sa passion avec Anatole. Rares étaient les fois où ils ne parlaient pas science au cours de leurs échanges.

# Un sérieux problème

Malgré ces délais croissants dans la communication, la grande majorité des passagers prenait le temps de converser soit avec leurs proches, soit avec des amis ou de simples connaissances, sans compter les échanges purement professionnels. C'est à la suite d'un de ces échanges qu'un des responsables de la navigation apprit qu'ils allaient être confrontés à une accélération importante. Rien n'avait permis d'envisager cela. Aucune force gravitationnelle, aucune matière n'avait été détectée qui puisse expliquer ce phénomène. Les communications avec la Terre redoublèrent et les calculateurs présents sur le vaisseau ne firent que confirmer cette prévision.

- Attention, message général. Nous allons rencontrer une perturbation qui va engendrer l'accélération de notre astronef. Celle-ci ne sera pas a priori brutale, mais nous n'avons pas encore d'information précise ni sur sa durée ni sur son intensité. Les mesures de sécurité décrites dans le document S452-23 devront par précaution être mises en place et ce, le plus rapidement possible. Nous vous tiendrons informés régulièrement sur la situation et sur les dispositions à prendre.

- La vache ! s'exclama Anatole.

Personne parmi les personnes disposées autour de la table ne doutait de la véracité de ces informations. Anatole se leva de son siège et dit :

- Bon, vous avez tous entendu. Au boulot !

Les sept personnes qui se trouvaient avec lui stoppèrent net leurs activités en cours. Certaines, dont Brigitte, avec un certain agacement, comme s'il s'agissait d'un exercice incendie. Les directives étaient connues de tous et assez claires, elles mais furent néanmoins rappelées par le responsable chargé de la sécurité.

- Je suis certain que vous avez tous bien compris. Pour résumer, contrôlez bien la fixation des structures et faites la chasse aux objets libres. La gravité imposée sera probablement légèrement intensifiée. Malgré cela, on peut s'attendre à voir valser des objets.

Comme prévu, le reste de la journée fut employé à l'arrimage de tous les objets, à un rangement approfondi et rigoureux. Tous participaient à ces actions, laissant momentanément de côté les autres tâches. La vitesse du vaisseau s'affichait au second plan sur les écrans disposés dans les lieux communs et les croisements principaux distribuant les différents modules du Rénata. Exceptionnellement, ce paramètre était visible de partout ; la vitesse ne cessait de croître. Les principaux moteurs à protons responsables de la propulsion du vaisseau étaient désormais arrêtés et certains paramétrés pour fonctionner en mode inversé, ce qui était excessivement rare. En raison de la situation, tous les stabilisateurs étaient fonctionnels et marchaient à plein régime.

- La vitesse semble se stabiliser enfin ! lança une voix.

Plusieurs paires d'yeux fixèrent l'écran situé au-dessus de la porte de sortie de la salle de repos, fort prisée et rarement vide. Elle séparait la petite serre des premiers laboratoires attribués à Anatole et à son équipe, et était bien achalandée en distributeurs de boissons chaudes ou froides.

- Effectivement, nous allons pouvoir reprendre nos activités. Brigitte, as-tu des informations sur notre trajectoire ? demanda Anatole.

- Non, par contre, nous avons atteint une vélocité jamais égalée et, si j'en crois les infos diffusées, elle n'est pas encore à son maximum.

Brigitte suivait ce paramètre attentivement. L'ensemble

de l'équipe l'écoutait attentivement.

- Le point le plus alarmant, c'est que nous avons pour l'instant perdu tout contact avec la Terre, et aussi avec la station lunaire.

Chacun savait que la Lune était équipée des meilleurs instruments pour transmettre et recevoir les communications. Anatole approuva de la tête, tout en gardant à l'esprit ce qu'il venait de vivre quelques heures auparavant. Il était en pleine discussion avec Clara quand le contact fut rompu, et il avait vécu cette interruption avec une certaine douleur. La santé de Clara s'améliorait, lentement. La distance entre eux ne faisait qu'intensifier ces moments où ils pouvaient ensemble évoquer le passé ou parler de la vie quotidienne.

- Bon.

Anatole venait de sortir de ses réflexions et décida qu'il en savait assez sur la situation pour l'instant. Il décida d'aller faire son tour quotidien vers la salle de programmation et vaquer ainsi à ses occupations. Celles-ci lui apportaient non seulement une satisfaction professionnelle, mais également un réconfort personnel. Les résultats obtenus précédemment au laboratoire avaient été suffisamment intéressants et prometteurs pour que Brigitte et lui décident de réitérer l'expérience de la semaine précédente. Cette fois, elle serait réalisée à des stades plus précoces de l'embryogenèse et sur plusieurs espèces en même temps. Le but étant de faciliter ainsi les coévolutions. Anatole attendit Brigitte et deux jeunes étudiants en formation. Ils devaient reprendre quelques travaux sur cet aspect de la biologie évolutive, et notamment ceux ayant trait à la co-évolution forcée.

- Bon, on regarde mais on ne touche à rien.

Anatole avait prononcé ces mots qu'il savait inutiles, car de toute manière, après la reconnaissance vocale activée, le programmateur recevait la directive de n'exécuter que les suggestions et recommandations de Brigitte et Anatole.

Deux semaines passèrent ainsi, entre travaux au laboratoire, programmation, formation des étudiants et, malheureusement, absence de communication avec la Terre. Le vaisseau continuait de filer à une allure impressionnante. Deux autres accélérations avaient contribué à pousser plus encore en avant le vaisseau dans l'espace. Cependant, rien de particulier et de dommageable n'était survenu suite à ces augmentations de vitesse, aucun obstacle rencontré dans ce vide immense. D'ailleurs, cela avait suscité un débat et soulevé un grand nombre de questions. Le plus déroutant était qu'ils ne pouvaient plus désormais contrôler leur trajectoire, mais à cette vitesse personne n'avait suggéré de faire fonctionner les deux moteurs auxiliaires latéraux de poussée neuronique. Tous les paramètres biologiques, ceux des passagers mais aussi des divers organismes vivant dans le vaisseau, n'avaient montré de changements significatifs suite à cet accroissement de vitesse. Les grandes serres centrales, qui abritaient une grande variété de plantes et végétaux de toutes sortes, étaient surveillées de très près. Du lichen encroûtant, emblème de la colonisation des sols aux vulnérables plantes à fleurs, tout semblait indifférent à ce phénomène d'accélération.

# Une manipulation hasardeuse

Cela faisait plus de trois mois que l'astronef et tous ses occupants voyageaient à travers l'espace à toute allure. Chacun vaquait à ses activités. Il en était de même pour Anatole et son équipe.

On venait de fêter le master obtenu par les deux étudiants encadrés par Brigitte, Adalarasu et Altan. Les boissons euphorisantes n'étaient certes pas proscrites, mais on pouvait lire à chaque distribution « l'abus de cette boisson nuit à la santé ». La journée s'était prolongée par une fête organisée au niveau zéro. Ce lieu était réservé aux occasions festives ainsi qu'à certaines réunions particulières. La zone « zéro », on l'appelait ainsi couramment, était constituée de plusieurs salles en enfilade. Entièrement vitrées, elles offraient toutes une vue exceptionnelle. On éprouvait la sensation d'être dans l'espace si ce n'était la présence du sol, du discret mobilier et des éclairages indiquant les réunions. Les nouveaux diplômés et la plupart des membres de l'équipe prirent donc la direction de la zone zéro. Anatole lui, préféra aller vers sa salle favorite, son labo. Il était loin de penser que ce qu'il allait faire au cours des deux heures qui suivirent allait changer la face du monde qu'il connaissait et plus encore ! Brigitte avait choisi (conscience professionnelle oblige !) de rester avec ses deux étudiants. La fête ne faisait que commencer.

- Bonsoir Anatole.

Une voix off venait de se faire entendre en même temps que la lumière changeait de façon quasi-imperceptible.

- Salut, répondit Anatole.

- Suite du programme ?

- Oui.

Anatole prit un instant pour réfléchir. Le moniteur lié à l'unité principale du programmateur considéra cette hésitation et attendit qu'Anatole poursuive.

- Ok, on reprend là où on en était. Affiche les données, s'il te plaît.

L'ensemble des données fut projeté en transparence dans la zone la plus large de la pièce.

- Merci, donne-moi également le projet 321.

Le dossier 321 s'afficha sur un autre mur de la pièce sur un plan légèrement en retrait aux données initialement affichées. Anatole était concentré dans ses pensées. Il utilisait tantôt sa voix tantôt ses doigts pour sélectionner les différentes phases de la programmation qu'il avait en tête. Le programmateur traduisait les déductions et directives d'Anatole en lignes de calculs. Il suggérait par ailleurs des améliorations ou des solutions alternatives. Les meilleures hypothèses de travail étaient affichées en bas de la zone de projection. Le résultat serait la production au cours de la nuit des agencements moléculaires adéquats basés sur des milliards de calculs. Les améliorations étaient également suggérées et déclinés en programmes bis. Anatole aimait particulièrement ces échanges. En général, il partageait certaines phases de la programmation avec Brigitte. Le trio était assez performant, et le catalogue des espèces aviaires disponibles s'était bien étoffé depuis leur premier succès. Plusieurs exemplaires peuplaient désormais les grandes serres, ce qui rendait Anatole particulièrement fier. Mais ce soir, sa pensée s'était portée de nombreuses années en arrière. Le jour même où il avait rencontré Clara pour la première fois. Le retour à une époque où lui-même était un jeune étudiant, un jour de départ pour un congrès. Il se rappelait maintenant très nettement ; il avait eu une vision qui lui avait semblé si réelle ! Un dragon lui était apparu, furtivement certes, mais il avait su reconnaître cette silhouette si particulière.

- Anatole, y a-t-il un problème ?

La voix sortie du plafond venait de s'adresser à Anatole.

- Non, je réfléchissais simplement. Peux-tu créer un nouveau projet pour moi, renchérit Anatole.

- Dans quelle rubrique ?

- Non, juste en brouillon…Cherche ce que tu as sur les dragons !

- Multiples données, espèces orientales, occidentales, dragons terrestre ou marin.

- Donne-moi juste ceux qui ont été représentés en Europe. Les écrans principaux se réduisirent et s'assombrirent pour laisser place aux nouvelles données. De nombreuses représentations de dragons s'affichèrent. Des descriptifs et références bibliographiques s'affichèrent par centaines et défilèrent sous les yeux d'Anatole. Sa curiosité fut stimulée.

- Stop.

Temps de réflexion.

- Donne-moi plus de données sur celui-là.

Un nouvel écran s'afficha. Un dragon de taille assez modeste par rapport aux précédents apparut sous ses yeux. De couleur brun, des ailes proches de celles des chauves-souris, des pattes arrière munies de griffes acérées et des pattes avant plus petites, faites pour appréhender. Une tête imposante munie de deux belles cornes légèrement courbées donnait, avec le scintillement des yeux et le regard perçant, un aspect des plus féeriques.

- Détails.

La créature avait été décrite à différentes époques et à travers différentes légendes. Son aspect différait selon les contes ou légendes mais comportait un étrange air de déjà-vu. Anatole savait qu'il avait devant lui une espèce qui pouvait s'apparenter aux reptiles et quelque part aux oiseaux.

- Faisabilité de genèse, demanda Anatole face à l'écran principal.

Quelques secondes passèrent avant que ne s'affichent les résultats de la requête sur l'écran.

*Réalisation possible.*

*Informations suffisantes.*

*Nécessité de procéder à une incubation originelle*

*(suggérer).*

*Aucune information sur la possibilité de genèse in vitro.*

*Temps d'incubation estimé entre 1 mois et 1000 ans.*

*Création du dossier temporaire : P316*

*Programme désormais disponible dans la zone temporaire comme souhaité avec l'ensemble des données.*

Anatole demanda l'affichage complet des données. Il attendit patiemment pendant que les écrans se succédent, tout en étant plongé à nouveau dans ses pensées. La partie qu'il attendait, la proposition de néo-genèse, arriva enfin. A partir de ces données, il pourrait amorcer quelques essais.

- Focus !

Le déroulement classique de la programmation s'afficha en haut à droite. En attente d'une demande, Anatole se servit un thé et s'assit à nouveau face à l'écran.

- Réalisation du programme, rajouta-t-il.

L'échange ne dura cette fois-ci que 45 minutes, car les hypothèses de travail étaient trop nombreuses et les données biologiques quasi-inexistantes ou tellement irréelles qu'il ne pouvait rien en faire. Cracher du feu par exemple ! Les seuls points d'accroche étaient certains insectes découverts en Islande. Ces insectes étaient adaptés aux fortes chaleurs et vivaient sur les flancs des volcans encore en activité. Bien sûr, il y avait également les bactéries thermophiles, mais elles étaient trop éloignées génétiquement des organismes supérieurs pour être utiles. Quant aux essais sur la thermo-régulation et l'exposition aux fortes températures chez les oiseaux, ce n'était pas un domaine étudié par Anatole et son équipe. Le petit écran situé à l'extrême gauche d'Anatole faisait défiler rapidement de nombreuses références bibliographiques. Les capacités de télépathie décrites dans de nombreux ouvrages s'affichaient comme une caractéristique des dragons. Mais comment traduire cette faculté ! Aucun animal sur Terre n'était connu pour posséder de telles capacités.

- Bon, tu programmes les hypothèses les plus probables basées sur les données que tu trouveras sur les mammifères volants et les reptiles. Procède en automatique, je ne te servirai pas à grand-chose. Comme critère de référence, prends les données du P316. Réalisation de trois exemplaires par essais, limite le nombre des essais à une vingtaine seulement.

Anatole attendit la réponse.

*Durée du traitement des données avant proposition pour essai en chambre d'incubation estimée à 6 heures.*

- La vache ! OK, après tout je n'ai rien d'autre à faire. Place le projet en priorité deux. Garde l'information confidentielle.

- Procédure lancée, temps estimé 5 heures et 57 minutes.

- OK, merci, allez, c'est full pour moi ce soir.

Et Anatole alla rejoindre les autres en zone zéro. SOJA (célèbre groupe de reggae des années 2000) s'entendait du corridor d'accès à la zone. Deux heures du matin, déjà ! Le temps était toujours divisé en 24 heures, les traditions ont décidemment la vie dure. La fatigue se faisait tout de même sentir. La salle où se déroulait la fête était dans la pénombre, seuls les quelques éclairages bleus et rouges pulsaient au rythme jamaïquain. Sous les étoiles, les corps se balançaient nonchalants. Encore une poignée d'heures et direction le lit pour un repos bien mérité.

# Plus de contact

Bruno venait juste de rentrer chez lui. Lieu de vie privilégié à ses yeux, petite maison de pierre et de bois avec feu de cheminée, située au cœur des Pyrénées en France. Il savourait maintenant les dernières années de sa vie. Les progrès de la médecine lui avaient permis de vivre au-delà de ses espoirs. Plus de deux cent cinquante années. Pourtant, il savait maintenant que sa fin approchait.

La petite lumière bleutée scintillante en haut à droite de la pièce principale lui indiquait que son ordinateur de vie, chargé de gérer son habitat et ses connections vers l'extérieur, était entièrement opérationnel et à l'écoute. Une petite accélération du scintillement indiquait qu'il avait détecté la présence de Bruno. Machinalement, le regard de ce dernier se porta sur cette petite lumière.

- Mets-moi en contact avec la base *Xu Zhimo*. Un petit écran apparut devant l'alcôve qui constituait la chambre à coucher. Après une succession de chiffre, l'image fut celle d'une pièce. L'écran grandit suffisamment pour que l'on puisse y voir distinctement ses occupants. La définition était si parfaite qu'elle donnait la sensation d'être sur place, sur la Lune. On pouvait distinguer le ciel lunaire et ses étoiles, ce qui le rendait toujours un peu nostalgique.

- Bonjour Stephen, des nouvelles du Rénata ? demanda Bruno.

- Non pas depuis la dernière fois. Nous avons perdu tout contact. Nous pouvons tout de même suivre leur trajectoire. Hier, nous t'avons indiqué qu'il accélérait encore. Ils ont désormais presque atteint la vitesse de la lumière. Il semble qu'ils soient entrés dans une sorte de couloir. Nos équipes travaillent sur ce phénomène. Je pense qu'ils ne connaissent pas exactement leur situation.

Stephen parut réfléchir.

- Un nouveau contact est-il possible avec eux ? questionna Bruno.

- Pas sûr, surtout s'ils se déplacent dans une seule direction comme cela semble être le cas ! Nous t'envoyons le rapport détaillé.

- Merci. Ecoute, je ne veux pas vous déranger chaque jour, alors tenez-moi au courant de l'évolution de la situation. Je resterai connecté en permanence dorénavant.

Le feu de cheminée s'alluma. Il était temps de penser au dîner. Bruno jeta un coup d'œil sur ses montagnes et se dirigea vers son coin cuisine, les dernières paroles de

Stephen encore dans l'esprit. Au bout de quelques années, le flux journalier de rapports venant de Stephen se tarit faute de correspondant. Apres 268 années, Bruno tira sa révérence sans connaître le dénouement de l'histoire du Rénata, et sans nouvelles d'Anatole avec qui il avait tant travaillé dans le domaine de la biologie évolutive.

Au même moment, loin de la base lunaire *Xu Zhimo*, loin des Pyrénées, sur Rénata Anatole et Brigitte convenaient des nouvelles règles de sécurité. Ils préparaient le plan d'arrimage des divers appareils conformément aux directives données. Brigitte avait de son côté finalisé la première partie du mémoire d'Altan. Elle avait pu se consacrer à cela deux jours après les derniers arrimages nécessaires. Tous avaient l'impression que leur vitesse se maintenait. Leur trajectoire en revanche, contrairement à celle initialement prévue, semblait suivre une droite. Les prévisions désormais n'étaient plus possibles avec l'aide de la Terre ou via la base lunaire. L'ensemble des calculs se faisait sur place, limité bien sûr par la capacité des calculateurs embarqués sur Rénata. Bien que très performants, ils ne pouvaient qu'avancer des prédictions assez hasardeuses dans ces circonstances si particulières. L'une d'elles proposait une courbure qui ferait passer Rénata et ses occupants à proximité de la Terre dans environ 70 ans ! Mais cela n'était qu'une hypothèse. Difficile à vérifier.

# Le crépuscule des hommes

Très loin des préoccupations rédactionnelles d'Altan et d'Adalarasu, la Terre allait être confrontée une fois de plus à une extinction biologique massive. Ces extinctions ont beau être un facteur prédominant de l'évolution, il n'en reste pas moins que quand cela vous touche directement...

Les hommes avaient commencé à conquérir les espaces. Deux bases lunaires, *Xu Zhimo* et la plus récente *Atlantis*, constituaient toujours le point de départ pour des horizons plus lointains. Europe et Mars comportaient de nombreuses colonies désormais. Les hommes avaient conquis tant d'espace.

Sur Terre, les premiers symptômes apparurent comme une grippe ordinaire. Pour la médecine, c'était une affaire de quelques jours, voire de quelques semaines. L'isolement de l'agent pathogène était rapide et il fallait une à deux semaines pour produire les vaccins qui seraient transmis à chacun par l'alimentation. Cette fois-ci, la mutation de l'agent viral s'était montrer discrète, si discrète qu'elle n'était pas apparu comme pouvant devenir source de problèmes. Tant de mutations sont silencieuses. Notre génome n'est-il pas déjà constitué de dix pour cent de gènes d'origine virale ! La veille génomique sanitaire n'avait émis aucune recommandation particulière. La plupart des hommes, au bout de quelques années, furent déclarés porteurs sains. Le virus avait atteint l'ensemble de la population sur deux générations. Le nouveau virus qui serait responsable de la mort de la quasi-totalité de la population humaine produisait une protéine qui avait la capacité de se lier à une autre protéine fondamentale du cycle cellulaire. Cette réaction biochimique était sous contrôle environnemental et sous influence de la sérotonine. Elle n'avait été prévue par aucun chercheur ni par aucun des programmes spécialisés dans ce type de prédiction.

Au final, l'interaction mortelle se produisit sous l'induction du facteur déclenchant, la sérotonine, sans que l'on sache déterminer finalement, pourquoi ni comment. La conséquence fut désastreuse, à l'image de la disparition des dinosaures : la population humaine fut décimée en l'espace de quelques années, et les poches de résistance furent inutiles, le confinement inefficace et les thérapies diverses et variées impuissantes. Les essais de suppression de la sérotonine furent également un échec. Les perspectives de cryoconservation s'avérèrent aussi dérisoires, car tous étaient désormais porteurs du virus. Les colonies extraterrestres furent atteintes également, sauf celles qui pour des raisons de distance n'avaient avec la Terre que des échanges très occasionnels. Les colonies les plus isolées entamèrent rapidement les programmes de survie établis plusieurs dizaines d'années auparavant. Ces projets concernant le devenir des hommes avaient été conçus dans l'espoir de ne jamais être initiés. Les échecs furent nombreux.

Quelque part dans l'espace à des années-lumière de la Terre et de ses préoccupations macabres, la fête battait son plein, Altan sous les regards de sa « chérie du jour » faisait rouler son déhanchement si évocateur. La zone zéro vivait une de ces soirées si appréciées sur Rénata. Anatole de son côté parcourait la petite distance qui le séparait maintenant de son laboratoire, loin d'imaginer ce qui se produisait sur sa planète d'origine.

## Un cadeau pour l'humanité

- Ici la base Kuiper II. Ah, enfin les communications sont rétablies ! La cellule de crise est prête à vous transmettre ses résultats. Nous avons trois incubateurs comprenant nos derniers essais les plus prometteurs conformément aux recommandations. Quelqu'un à l'écoute ?

A l'autre bout, aucune réponse ne se fit entendre, rien que le silence.

- Selon les directives prévues, nous vous faisons parvenir les incubateurs et les infrastructures d'accueil.

S'ensuit une attente de 23 minutes.

Un « bien » fut la seule réponse reçue de la Terre.

Une nouvelle attente de 23 minutes.

- Ici Kuiper II. Nous n'allons pas faire de relais sur Atlantis, c'est plus sûr et plus simple finalement de prévoir un acheminement direct vers vous. Nous avons prévu un envoi de deux mois, douze jours et six heures.

Puis encore une nouvelle attente de 23 minutes.

- Bien reçu.

L'attente de la part des quelques dizaines de milliers de survivants était palpable. Ils étaient maintenant informés de l'évolution de la situation. Ils s'étaient maintenant regroupés en Irlande, où le climat était favorable, c'était là d'ailleurs que la plus grande proportion de « résistants » avait survécu. Aucune nouvelle naissance n'avait eu lieu. La médecine s'employait à maintenir le plus longtemps possible en vie les derniers représentants d'homo sapiens rescapés de cette effroyable hécatombe.

Dès les premières hécatombes, le monde avait été bouleversé. La paix sociale qui semblait définitivement acquise et constituait un des fondements de la société humaine fut ébranlée. De nombreux comportements resurgirent, apportant leur lot de conflits, de destruction et de pertes en vie humaines. Ces pertes venaient s'ajouter à celles liées au virus responsable de tous les maux. Il ne s'agissait aucunement de chaos, mais plutôt de mouvements plus ou moins spontanés apparaissant dans telle ou telle région. Le besoin de surconsommation, les pulsions relevant plus du comportement animal prenaient la place des attitudes raisonnées. Un grand nombre de philosophes des plus écoutés et en vogue en perdaient leur latin. Une partie de la population ne respectait plus ni les recommandations ni les appels au calme. Les principes élémentaires de respect de l'individu et du collectif furent fortement fragilisés. L'espoir s'effilochait avec le temps. Le nombre de morts ne faisait que croître. De fait, la société se déstructurait significativement, et si les infrastructures ne subissaient que peu de dommages directs, les personnes chargées de leur maintenance se détournaient de leur objectif ou mouraient tout simplement. Miser sur l'avenir même proche semblait de plus en plus dérisoire. La robotique fortement développée prenait d'une certaine façon le relais. Mais cela ne suffisait pas. Le monde dérivait. Avec la nouvelle venant de Kuiper II, les survivants désormais pouvaient à nouveau espérer.

La navette en provenance de la base Kuiper II venait d'entrer sans dommage dans l'atmosphère terrestre. Après plusieurs calculs rapides et quelques modifications de sa trajectoire, la navette baptisée pour l'occasion « last chance » allait se poser près de la ville d'Edimbourg renommée capitale mondiale de l'humanité. L'engin se posa sur l'aire prévue non loin de la ville. Une petite foule s'était regroupée à l'écart de la zone d'atterrissage. Parmi cette foule triée sur le volet, Clara. Le silence prit place peu à peu.

Les portes s'ouvrirent enfin. La navette fut visitée par une armée d'automates maintenus en fonction pour cette occasion précise. Les contrôles réalisés attestant que rien d'inquiétant n'arriverait, garantissant ainsi la sécurité de tous, un groupe d'une dizaine de personnes s'introduisit dans la navette. Une heure plus tard, ils ressortirent entraînant avec eux des chariots anti gravité reliés par grappes de six. Clara poussait l'un d'entre eux. Pas d'applaudissements, seul le silence des regards posés sur ce qui constituerait peut-être le sursaut de l'humanité ou le genre post-humain !

L'endroit prévu pour réceptionner ce précieux chargement fut ouvert. Un bâtiment équipé pour la cause de tout ce qui pouvait encore exister et capable de fonctionner correctement. Les personnes habilitées à s'occuper du contenu en provenance de Kuiper II n'étaient pas très nombreuses et regroupaient l'essentiel de ce qui restait de scientifiques capables de maîtriser la bio-ingénierie ou au moins possédant de sérieuses compétences en biologie.

Les incubateurs étaient intacts, mais il faudrait plusieurs mois encore pour qu'ils délivrent leur précieux contenu. En tout, il y aurait, si aucune perte n'était à déplorer, vingt-six individus males et seize individus femelles. La reproduction sexuée avait été conservée dans ce programme de bio-ingénierie pour certains d'entre eux, permettant ainsi le brassage génétique qui était le moteur de l'évolution (ironie du sort), toutefois le clonage était également possible. Certaines personnes en charge du programme militaient pour que le clonage soit la référence.

Le vent soufflait ce jour-là sur le château d'Edimbourg qui surplombait la ville. Un crachin s'était associé au vent et aux nuages gris, assombrissant encore un peu plus le ciel. Les regards n'étaient pas dirigés vers le ciel, mais en direction des caissons de maturation. La naissance de ces êtres tant chéris eut lieu devant tous les yeux humains disponibles. Les formes graciles surgirent l'une après l'autre de ce qui constituait une sorte d'utérus artificiel. Très proches de l'homme, elles en différaient pourtant sensiblement. De nombreux regards se croisèrent. Une page était tournée pour les hommes. Plus de doute là-dessus.

La physionomie et les mensurations étaient similaires à celle des humains. Ces êtres mesuraient en moyenne deux mètres et possédaient les mêmes attributs sexuels. Leur génome était à 94 % identique à celui des hommes qui leur avaient donné vie. Toutefois, rien que par l'apparence externe de ces Original Rescue Limited Organisms, ces Orlos, il était évident qu'ils ne seraient jamais de vrais êtres humains, au mieux des copies assez fidèles. Ces êtres totalement artificiels constituaient une réplique proche de l'homme. Aucune perte ne fut à déplorer parmi eux. La bio-ingénierie laissait une grande part à l'éducation, et tout était prévu pour cela. Certaines de ces créatures étaient considérées comme vierges et pouvaient en quelque sorte servir de réceptacle afin d'héberger ce qui constituait un être humain dans toute sa complexité.

Les mois passèrent. L'éducation et la croissance se déroulaient sans souci particulier pour les nouveaux arrivants. Le programme Orlos se déroula comme souhaité. Mais cet espoir était entaché d'une certitude : les hommes devraient se résoudre à envisager une extinction définitive de leur espèce. Quelques hommes et femmes furent sélectionnés pour former un groupe d'individus particuliers. Les critères considérés étaient multiples et pas uniquement basés sur les compétences ou les aptitudes exceptionnelles ou scientifiques. Ces humains représenteraient en quelque sorte une palette la plus exhaustive possible des aspects de l'homme. Le clonage permettrait de propager à travers les générations les différentes personnalités. Chacun avait conscience que l'acquis laisserait des traces à chaque clonage. Seul douze individus seraient intégrés de la façon la plus approfondie dans ces nouveaux corps. Pour ce groupe de premiers Orlos, le clonage n'était pas la seule solution retenue. Le brassage génétique par reproduction sexuée leur serait laissé contrairement à la majorité des autres Orlos. Clara avait été sélectionnée pour faire partie de ce groupe limité d'individus, ses connaissances seraient ainsi perpétuées, mais pas seulement ses facultés intellectuelles, la plupart de ses traits de caractère seraient aussi transmis à l'Orlo, ainsi que ses sentiments pour Anatole. Cela faisait si longtemps que Clara n'avait plus eu de nouvelles de lui. Les mains d'Anatole caressant sa chevelure lui manquaient si souvent.

Les futurs nouveaux locataires de la Terre prenaient peu à peu leur place. Ils s'appropriaient l'ensemble des connaissances humaines et acquéraient rapidement la maîtrise des outils de l'homme de ce siècle, la robotique, les sciences de l'intelligence artificielle, la bio-ingénierie et ses diverses applications en bio composants.

Sur Terre, le dernier être humain (âgée de 315 ans) fut incinéré le 14 mai 2566 à 13 h 00. Les présents s'attardèrent, certains même jusqu'au coucher du soleil. Parmi eux, se trouvait Clara.

# Terre en vue

- Je me demande ce que ça va donner !

- Quoi ?

- J'ai lancé un programme hier, un nouveau programme.

- Et alors ?

Brigitte venait de s'assoir aux côtés d'Anatole, qui gardait son regard fixé vers le distributeur à café.

- Je ne sais pas vraiment pourquoi, mais je suis quand même curieux de voir le résultat. L'expérience a pris un certain temps dans son élaboration, plusieurs heures.

- Ah oui? C'est en lien avec le projet précédent ?

- Non, rien à voir, ajouta Anatole.

- Explique-moi !

- J'ai demandé des essais sur la genèse de dragons.

- De dragons ?

- Oui, comme dans la mythologie, ou Bilbo, le Hobbit.

Anatole se leva pour prendre un café.

- Quelle drôle d'idée. Et pourquoi ?

- Je ne sais pas, une idée comme ça, un souvenir. De toute manière, les chances de succès sont minces, dit Anatole tout en s'asseyant sans renverser son café.

Brigitte regarda sa montre. Le temps de passer aux toilettes puis direction la serre centrale pour le lâcher des petits derniers.

Quelques écrans venaient d'apparaître sans pour autant s'imposer dans l'environnement proche d'Anatole. Leur apparition indiquait clairement qu'un message important allait être communiqué à tous.

*Pour votre information, si nos calculs sont corrects, nous devrions passer au plus près de la Terre dans une dizaine d'années. Ce n'est qu'une estimation. Les informations essentielles et les accès sont sur W12V. Bonne journée.*

Les écrans disparurent presque aussi vite qu'ils étaient apparus, renforçant ainsi le sentiment de soudaineté et surtout de surprise. Déjà plusieurs occupants du Rénata s'activaient pour composer et consulter le W12V ou demandaient de plus amples informations sur les moniteurs disposés un peu partout. Evidemment, les discussions au cours du repas partagé n'ignorèrent pas la nouvelle qui prit une place prépondérante.

Concours de circonstances, on fêtait dans l'équipe de Brigitte un anniversaire, celui d'une jeune diplômée. Les «

joyeux anniversaire Amalthea » fusaient, et les échanges reprenaient sur les perspectives de revoir la Terre, le voyage programmé à l'origine ne devant durer que six années. Anatole, Adalarasu et Altan étaient également présents. Un peu à l'écart, certes, mais ils participaient au brouhaha général. Anatole se détendait un peu. Le programme P316 lui trottait dans la tête, l'image du dragon lui rappelait Clara. Anatole fut pris de nostalgie, de la première rencontre et des jours qui suivirent. Ces deux images se superposeraient souvent désormais.

Les semaines passèrent et les informations se précisèrent. Tous les membres du Rénata comprirent qu'il ne serait peut-être pas aussi aisé de revenir sur Terre. La raison principale était qu'ils étaient pris dans un passage, un couloir que les scientifiques embarqués à bord du Rénata s'acharnaient à comprendre et à caractériser. Sans une meilleure compréhension de ce phénomène, ils resteraient impuissants. La seule chose dont ils étaient sûrs, c'est qu'ils avaient réellement acquis une vitesse extraordinaire, une vitesse proche de celle de la lumière. Leur déplacement n'était pas rectiligne, mais décrivait une très longue ellipse. Les données recueillies semblaient assez solides et résultaient des différentes observations sur les contrées traversées. Le tunnel qu'ils avaient emprunté paraissait peu impacté par les variations gravitationnelles qu'ils traversaient. La voie lactée avait été laissée derrière eux depuis de nombreuses années, ainsi que de nombreuses galaxies répertoriées. Ils étaient vraisemblablement au sein du même univers, mais les observations étaient difficiles à interpréter. La confusion régnait et le sentiment d'impuissance atteignait son paroxysme. Ils subissaient sans rien pouvoir faire ni tenter.

Ils entamaient un retour incontrôlé vers la voie lactée, vers le système solaire, vers l'endroit même où ils s'étaient vus happer dans ce couloir. Avec une telle vitesse, et une si grande distance parcourue selon l'orientation affichée, les écarts de temps seraient considérables. Certaines équations, parmi les plus pessimistes affichaient un différentiel probable de 1 pour 100 après la phase d'accélération du Rénata. Un voyage aller-retour de 70 années équivaudrait à environ 7000 années sur Terre. Sept millénaires ! Ce chiffre résonnait dans de nombreuses têtes. En sept millénaires, comment serait la Terre ? La vie sur Terre ? Chacun pensait à ses proches, ses amis restés sur Terre, disparus depuis longtemps !

Une commission fut constituée afin de répondre aux multiples questions qui surgissaient. Une de ses missions était de préparer le retour sur Terre et de recueillir toutes propositions et suggestions. Les années suivantes furent également mises à profit pour mener les travaux les plus urgents, finaliser les recherches les plus abouties. Vint le moment où la commission fut prête à présenter ses propositions. Ses membres avaient opté pour une sortie du tunnel en direction du système solaire, une fois que Rénata serait au plus proche. La commission avait consigné son travail dans le document 14VB25L, document lu avec beaucoup d'attention par tous les passagers, avant l'assemblée générale prévue le surlendemain.

La salle où devait se dérouler l'assemblée n'était pas très imposante, mais elle offrait une vue assez exceptionnelle sur l'ensemble du transporteur. L'enfilement des dômes constituant le vaisseau semblait ne pas avoir bougé depuis le départ de la Lune. Quelques réparations ou adaptations avaient toutefois modifiées l'aspect général de l'astronef. Plus d'une fois, les personnes en charge de ces travaux avaient imaginé ce à quoi ils auraient pu être confrontés et ce qu'ils auraient dû faire s'ils avaient rencontré sur leur passage ne serait-ce qu'un petit caillou. A cette vitesse, le projectile aurait traversé Rénata avec la facilité d'un couteau dans une motte de beurre frais. Eh bien non, de façon surprenante et salutaire, cela n'était pas arrivé. Ils s'étaient engouffrés dans ce couloir, certes, mais paradoxalement cela les avait gardés en vie jusqu'à ce jour.

Autour d'un espace où les écrans d'information défilaient, étaient regroupés plusieurs membres des différentes grandes entités. La plupart des corps de métier étaient représentés. En fait, il ne manquait que le service de restauration qui s'affairait à préparer les prochaines collations. Certains d'entre eux ne se privèrent pas de jeter un coup d'œil de temps en temps aux moniteurs qui relayaient cette réunion.

La séance se déroula calmement et les décisions furent approuvées par une large majorité des présents. Deux options majeures furent discutées. La première envisageait un retour possible de l'ensemble de l'astronef sur Terre ou dans ses environs. Si, deuxième option, il s'avérait impossible de pouvoir rejoindre la Terre, il semblait envisageable d'effectuer un largage de capsules plus petites.

- Cela s'est plutôt bien passé, non ? remarqua Brigitte, en sortant de la salle accompagnée d'Anatole.

- Oui.

- Ils ont accepté notre participation à ce voyage. Nous allons sur Terre, c'est une chance non ?

- Oui, on peut le voir comme ça, je pense que nous devrions envoyer sur Terre quelques échantillons en plus de l'ensemble de nos données et résultats de ces dernières années. Reste à savoir qui va les accueillir et pour en faire quoi.

Il reprit son monologue.

- Tu vois, après sept millénaires, nous allons être plutôt ridicules. Non !

Brigitte resta silencieuse et se contenta de regarder par l'étroite fente dans le corridor qui donnait vers l'extérieur et qui laissait apparaître au loin un amas de planétoïdes et la présence de gaz chaud teinté d'orange et de rouge sombre. Elle avait toujours trouvé surprenant que les passagers de l'astronef ne ressentent aucun effet de la propulsion sur cette voie quasiment hors du temps.

L'excitation était à son apogée dans l'ensemble de l'équipage. Dans deux jours, ils rentreraient dans la voie lactée par son flanc droit, puis ils passeraient suffisamment proches de la Terre pour tenter quelque chose. La fenêtre de tir était réduite à 2,36 secondes. Pour ainsi dire rien. Mais, cela ne semblait présenter aucune difficulté aux personnes chargées de la manœuvre. Anatole passait son temps à remanier ce chiffre. Son équipe était prête. La charge à expédier vers la Terre ferait partie du convoi propulsé qui se résumait à quelques tonnes de matériel et, en particulier, tout ce qui pourrait participer aux futures connections : coordonnées, trajectoire prévisionnelle, étapes identifiées, etc. La contribution d'Anatole était contenue dans le bloc v445. Il s'agissait d'un container équipé pour maintenir des organismes vivants avec les instructions précises d'utilisation. Plusieurs programmes récents issus de son travail étaient à l'intérieur et prêts à être expédiés.

*60 minutes avant relargage.*

La vie semblait s'être arrêtée sur Rénata. Tous les membres de l'astronef avaient les yeux rivés sur les écrans géants. D'autres yeux étaient braqués à travers toutes les surfaces transparentes de l'astronef vers une forme encore peu distincte.

*30 minutes avant relargage.*

Un léger doute traversa l'esprit d'Anatole. Une dernière vérification s'imposait, même s'il était de toute façon déjà trop tard pour modifier quoi que ce soit. S'adressant au petit écran qui lui apparut sous les yeux.

- Contenu du bloc v445 et code de vérification.

*15 minutes avant relargage.*

Une somme d'informations et de codes défilèrent sur l'écran.

*10 minutes avant relargage.*

Puis la liste des codes projets.

- P26, P59, série P36b, série P59v2.3, P69, P216, P213, série P312 à P327.

*5 minutes avant relargage.*

- Enumération série P312 ! Vite !

*3 minutes avant relargage.*

- L'ensemble de la série sera expédié.

*Relargage effectif.*

*Relargage effectué.*

Anatole avait regardé le relargage s'effectuer, mais il

restait très perturbé par les informations qu'il venait de recevoir. Comment une telle erreur avait-elle pu avoir lieu ? Le programme P316 expédié sur Terre ! Anatole n'avait pas besoin de redemander une vérification.

L'information qu'il possédait serait validée. Anatole interrogea les membres présents de son groupe. Personne ne lui apporta de réponses pertinentes. Brigitte, elle-même surprise, ne sut trouver d'explication.

Deux heures entières furent nécessaires pour boucler les dernières tâches administratives qui lui incombaient. Il pouvait maintenant se consacrer à résoudre ce problème. Anatole et Brigitte eurent une longue discussion en privé. Bien que la lumière diffusée fut la même, l'après-midi touchait à sa fin. La conversation se termina sur une suggestion de Brigitte.

- Tu devrais aller vérifier sur place, Anatole.

Anatole pour toute réponse emprunta le couloir qui menait aux serres réservées aux essais de bio-ingénierie. Il franchit le long corridor qui menait à l'endroit d'où il pourrait apercevoir par l'extérieur les serres qui lui étaient allouées. Son regard se porta machinalement à travers le hublot sur les serres contenant les programmes fraîchement sortis des incubateurs. Il ne vit rien de particulier, mais il préféra poursuivre son enquête. Le programme P316 avait-il été finalement expédié, oui ou non ?

Rénata s'était éloigné du système solaire rapidement et la Terre bien que présente dans tous les esprits se trouvait déjà très loin derrière eux. Il lui fallut encore plus de trente minutes avant d'entrer dans la zone des incubateurs et des serres correspondantes. Dans la troisième entité, il reconnut immédiatement la silhouette d'un dragon. Anatole éprouva un soulagement. Les autres devaient être là également, mais pourtant rien. Il réglerait cette énigme plus tard. L'urgence était maintenant de récolter des informations sur le devenir du colis qu'ils avaient envoyé vers la Terre.

*Fin de la deuxième partie*

# TROISIEME PARTIE

## L'AGE DES DRAGONS

## Le temps des explications

Rénata poursuivait son périple. La galaxie d'Andromède était loin derrière. Anatole savait que la prochaine fois qu'il aurait l'occasion d'apercevoir la Terre ou ses environs serait la dernière ou l'avant dernière fois pour lui. Et ce ne serait pas avant une rotation entière de 70 années passées à bord du Rénata. Il était en chemin pour voir l'équipe installée à l'étage juste en dessous de son propre département. L'activité de cette autre unité occupant le dôme 23 était en charge de la recherche et de la production des cellules biomédicales. Cette équipe avait vu sa charge de travail et son importance plus que doubler. En effet, elle avait été sollicitée pour trouver des solutions aux effets délétères d'une exposition prolongée aux rayons cosmiques et, d'une façon plus générale, aux perturbations biologiques liées aux voyages prolongés. Le voyage avait été programmé pour six années, mais voilà qu'il fêtait maintenant ses 70 ans. Le temps de renouvellement de cellules de chaque individu avait diminué de plus de la moitié. Outre le fait que l'on devait maintenir chacun en bonne santé, cela constituait un véritable challenge d'opérer ces transformations avec le minimum d'intervention. L'introduction des cellules souches adaptées à ces nouveaux rythmes biologiques avait été la solution retenue. Malgré cela, de nombreux réajustements étaient nécessaires.

Anatole prit le raccourci passant par la petite salle de repos. Personne, étonnant. La rampe descendante vers le niveau inférieur était légèrement incurvée, pour épouser la forme globale du dôme 27. Des écrans apparaissaient à son passage, rappelant les règles de sécurité liés à l'activité si spécifique de ce département. Anatole n'y prêtait déjà plus attention depuis des années. Médine l'accueillit sur le pas de la porte d'accès.

- Salut Anatole.

- Hi Médine.

- J'n'ai pas trop avancé sur ce que tu m'as demandé.

- Ce n'est pas urgent pour l'instant, lui répondit Anatole.

- C'n'est pas évident, déjà qu'la reprogrammation des cellules humaines in vivo n'est pas des plus simples. Mais celle de tes gallinacées ! Et puis on est super occupés actuellement.

- *Bubo bubo*, interrompit Anatole.

- Quoi ?

- *Bubo bubo*, c'est le nom de l'espèce que je t'ai confié. Un hibou si tu préfères… Je venais te voir pour autre chose en fait, reprit Anatole après un regard appuyé, ce qui eut pour effet de capter l'attention de Médine.

- Quoi donc ?

- Il te reste un peu de place dans les unités d'accueil expérimentales des dômes 28 ou 29 ?

- Un peu, la place de réserve. On peut toujours en trouver au cas où, répondit Médine avec un air légèrement étonné.

- Je peux disposer d'une partie de cet espace ? demanda Anatole.

- Ce serait pour quand ? répondit Médine.

- Je pense la semaine prochaine, je dois isoler un programme.

Un écran apparut à ces côtés, teinté de vert, indiquant la prise en compte des informations. Quelques chiffres s'affichèrent. La réservation pour Anatole était faite. À peine quelques minutes plus tard, Anatole reprit la direction de l'unité de bio-ingénierie & coévolution, dans la section des incubateurs, là où il avait quelques heures auparavant vu le dragon du programme P316. Anatole voulait s'assurer que tout allait bien.

La zone était calme. Actuellement, peu de personnes y travaillaient. Son accès étant fortement réglementé, cet espace était la plupart du temps calme et assez peu fréquenté. L'entrée principale de cette zone débouchait sur un espace circulaire d'où partaient quatre couloirs, dont deux diamétralement opposés qui desservaient les chambres d'incubations et les unités réservées aux recherches exploratoires. Le diverticule situé à gauche de l'entrée menait à la zone de quarantaine et de soins intensifs. Vers la droite, un peu à l'écart, se situaient les premières serres d'envols et les espaces d'observations, là où Anatole avait aperçu son dragon. Restait à vérifier si les autres étaient présents également.

- Brigitte, peux-tu me rejoindre ?

Anatole venait de s'adresser au moniteur d'accueil situé à la croisée des couloirs, un des rares restant toujours allumé.

- Oui, dans quelques minutes. A quel endroit ?

- Zone 45, lui répondit Anatole.

Brigitte le rejoignit rapidement. Anatole était visiblement soucieux.

- Que se passe-t-il ? demanda Brigitte en rectifiant la position de son chignon.

- Sais-tu où sont les dragons ?

- Non, dans leur zone je suppose.

- La vache ! Je ne comprends plus rien. Il n'en reste qu'un. Les trois verts ont disparu !

Anatole tout en prononçant ces mots avait levé sa main droite en direction de la serre.

- En es-tu bien sûr ?

Anatole adressa un regard à Brigitte lourd de sens. Il n'avait visiblement pas l'envie ni de plaisanter ni de perdre du temps. L'écran rouge cramoisi de sécurité apparut. Il pulsait en attente d'instruction.

- Recherche dans les dômes avoisinant les programmes P316, lui adressa Anatole.

- *Une seule entité trouvée.*

Ce fut le seul message que purent lire Anatole et Brigitte. Le reste des informations fut ignoré.

- La vache ! Viens, suis-moi.

Tous deux rejoignirent l'endroit même où devait se trouver les quatre dragons.

La porte s'ouvrit débouchant sur une petite plateforme vitrée offrant une vue exceptionnelle sur les dômes 30 à 35. Deux grands yeux se tournèrent vers eux. Il y avait quelques chose de changé, et pas uniquement dans la taille du dragon. Anatole eut l'impression d'y lire un sourire. Le regard d'Anatole croisa celui de Brigitte, qui était une des rares personnes ayant suivi l'intégralité du développement de ce programme, les autres personnes très impliquées étant Adalarasu et la jeune Yukiko. Une série d'écrans s'allumèrent. Anatole et Brigitte n'étaient pas habitués à une telle déferlante d'affichage. Habituellement, ils n'en consommaient pas plus de deux ou trois par conversation, sauf évidemment lorsqu'ils travaillaient dans leur laboratoire. Mais là, la situation était bien différente. Pourquoi ces écrans apparaissaient-ils ? Le grand dragon se retourna pour faire face à ses invités. Repliant doucement ses ailes le long de son corps, il adopta une position d'attente.

- La vache, il a changé ! s'exclama Anatole.

Brigitte sondait le dragon du regard. Le nombre d'écrans diminuait progressivement et s'ordonnait dans l'ensemble de la pièce. Anatole chercha des yeux un des écrans de type moy2, ces écrans permettaient d'accéder rapidement à un certain nombre de commandes et pouvaient faire preuve d'un remarquable esprit de synthèse. Idéal pour la situation. Un écran apparut et se déplaça devant Anatole sans qu'il en ait fait la demande. Anatole leva les yeux. Le dragon semblait sourire à nouveau. Anatole comprit que l'apparition des écrans avait été déclenchée par le dragon.

- Nous nageons en plein délire, reprit Anatole.

Brigitte avait détourné son regard et lisait attentivement les informations qui défilaient sur l'écran situé devant eux.

- C'est lui !

- Quoi ? interrogea Anatole

- C'est le dragon qui fait cela.

Brigitte jeta un bref regard vers Anatole puis replongea sur son moniteur. Anatole allait du dragon à l'écran, l'esprit plus confus que jamais.

- Je m'en doutais un peu mais comment peut-il le faire ?

- Il est en communication avec Rénata, renchérit Brigitte qui parcourait des yeux les multiples informations disponibles.

- *Bonjour*.

Un moniteur de communication reconnaissable à son contour jaune pâle venait d'apparaître et d'afficher ce mot de bienvenue. Venant du haut de la pièce, un son sortit au moment même où s'affichait ce message. Anatole et Brigitte n'avaient pas bougé.

Habitués pourtant aux surprises, ils n'en éprouvèrent pas moins le besoin de se poser, de réfléchir de prendre le temps de digérer ces informations. Tout en regardant tantôt les écrans tantôt le dragon, ils allèrent s'adosser au petit canapé situé à côté d'eux. Quelques moniteurs les suivirent.

- Ne soyez pas surpris, je suis en train d'acquérir votre façon de converser. Votre langage est assez différent de celui auquel je me suis habitué récemment. Je suis heureux d'être là.

Après un court silence, le dragon reprit.

- Je viens de loin, de Songe, enfin de la Terre. Je viens juste de revenir. J'ai beaucoup de choses à vous dire. Tout d'abord, ne cherchez plus les autres dragons. Ils ne sont pas ici, ils sont sur Terre.

Le dragon prit quelques secondes de réflexion puis renchérit.

- Je ne suis pas venu seul. La personne qui m'a accompagné est en ce moment dans la petite serre numéro 21b. Mais avant d'aller la voir, laissez-moi vous expliquer deux ou trois choses sur mon retour.

- Plutôt d'accord, répondit Anatole. L'écran de contrôle rouge qui ne les avait pas quittés depuis la dernière requête, se mit à clignoter, puis disparut. Anatole regarda dans la pièce à la recherche de quelque chose à boire, il avait la gorge sèche. Brigitte devança son désir. Elle se leva et posa sa main sur un pictogramme mural. Un petit plateau glissa hors du mur sur lequel était disposé trois verres remplis d'un liquide translucide. Le dragon sourit en constatant qu'il avait été identifié comme une personne à part entière par le détecteur. Anatole avait repris ses esprits et son calme entre-temps. Il décida de prendre l'initiative de la conversation.

- Comment ça, de retour ici ?

- Oui, j'ai été expédié sur Terre, visiblement par erreur,

répondit le dragon.

Brigitte buvait doucement sa boisson tout en écoutant la conversation. De temps en temps, son regard se posait sur les dômes apparents du Rénata, où se portait encore plus loin, vers les étoiles.

- J'ai voulu revenir ici pour découvrir mes origines. Je viens de consulter les archives du programme P316, reprit le dragon.

- Alors tu sais pratiquement tout ? lui demanda Anatole.

- Une bonne partie, en tout cas.

Le regard du dragon fut de plus en plus perçant. Il avait devant lui celui qui l'avait créé.

Les trois écrans bleus qui crachaient abondamment toute une série de données, graphes et images se déplacèrent vers le fond de la pièce, ouvrant un peu plus l'espace de discussion. Ces données seraient consultables plus tard à tête reposée dans le dossier sous le code g_P316.

Brigitte, Anatole et l'ex-locataire du Rénata revenu chez lui continuèrent de discuter par écrans sonores interposés. Les questions-réponses s'enchaînèrent jusqu'à ce que la fatigue s'invite également. Le dragon s'en aperçut.

- Une dernière chose. Je dois retourner sur Terre. Je sais que vous ne disposez pas de la technologie pour cela. Et là-dessus, je ne peux rien faire pour vous aider. Je devrais donc attendre comme vous 70 ans.

- Pourquoi ?... Enfin, pourquoi veux-tu retourner sur Terre ? demanda Brigitte.

- J'y ai laissé des amis, en danger, répondit le dragon. Il écarta la queue de son corps recouvert d'écailles ce qui laissait entrevoir une musculature imposante, celle d'un dragon mature. Aucun des deux n'attendit une réplique à ce que venait d'affirmer le dragon, maintenant ils aspiraient à un peu de repos. Il se faisait tard et la journée avait été chargée en émotions.

- Bon, ce n'est pas tout, mais il faut y aller, reprit Anatole s'apprêtant à quitter sa place.

Il se leva, jeta un regard sur une série d'écrans qui disparaissaient les uns après les autres. Anatole tout en regardant le dragon dit :

- J'ai libéré une place d'accueil.

- Je sais, merci, répondit le dragon.

- Y a pas mieux actuellement.

Le dragon lança une sonde mentale sans espoir. Il voulait le faire, peut-être en souvenir de Gus. Comme il s'y était attendu, aucune réaction ne suivit de la part des deux êtres humains qui déjà lui tournaient le dos.

# Les retrouvailles

Anatole repensait à ce que lui avait appris son dragon. Une personne était venue avec lui sur Rénata. Qui, et pourquoi ? Malgré la fatigue, il devait satisfaire sa curiosité. Brigitte s'était dirigée vers ses appartements, et Anatole se retrouva seul au niveau du croisement des quatre couloirs. Il savait que s'il empruntait le corridor de droite, il pouvait éviter de traverser inutilement un certain nombre de serres. Il décida de prendre ce raccourci. Dix minutes passèrent avant qu'il n'aperçoive l'entrée de la salle.

La première porte du sas s'ouvrit. Anatole entra dans ce petit espace. Cette serre, comme beaucoup d'autres, faisait l'objet d'une réglementation particulière. Il devait mentionner les raisons de sa visite à l'écran d'accueil qui venait d'apparaître. Anatole fut des plus directs, il n'avait pas la moindre envie de perdre du temps. La deuxième porte s'ouvrit. Il pénétra enfin dans la serre. Elle était de petite dimension. D'un seul regard, Anatole balaya l'étendue de cette surface. Au fond, une frêle silhouette inconnue venait de se retourner pour lui faire face. Elle ressemblait à un être humain par de nombreux points, mais par certains aspects semblait si différente. Il dégageait de cet être une grâce particulière. Légèrement plus grande que lui, il émanait de ce corps comme un sentiment de sérénité et de calme.

Anatole resta en expectative. Il remarqua l'écran de communication en face de lui, légèrement sur sa gauche. Les mots suivants s'affichèrent :

*Bonjour Anatole, mon chéri.*

La réaction d'Anatole ne se fit pas attendre. Bizarrement, il ne fut pas surpris du message. Une montée d'adrénaline et un sentiment qu'il avait presque oublié surgirent.

- Clara ?

Un simple "oui" s'afficha déclenchant ainsi une seconde bouffée de bonheur. Anatole se rapprocha de cette forme vivante. La Clara de maintenant n'était plus celle qu'il avait connue. Les boucles rousses avaient fait place à une tête totalement dégarnie de cheveux. Les bras plutôt potelés de la Clara présente dans sa mémoire étaient devenus plus fins et plus longs aussi. Pourtant, sans qu'il puisse le comprendre, Anatole savait qu'il avait devant lui la personne qu'il avait toujours aimée. Cet être cher lui était revenu. Le contact physique fut lui aussi comme un choc, un choc partagé. Les paroles étaient pour l'instant inutiles, inappropriées. Les lèvres se rencontrèrent sans aucune hésitation. Pour la première fois, un homme et un Orlo s'embrassèrent. La fatigue disparut laissant place aux retrouvailles.

Par écrans interposés, les mots doux venaient s'ajouter aux caresses délicates et familières. Ils se promirent de fournir les efforts nécessaires afin de revenir le plus rapidement possible à une communication plus directe, verbale. Ils avaient tellement de choses à se dire et à partager. Plusieurs heures passèrent avant que la fatigue ne revienne. Sur Terre, le jour se serait déjà levé. Sur Rénata les étoiles au loin toujours présentes brillaient pour Clara et Anatole.

Le lendemain fut consacré aux câlins évidemment, mais Clara et Anatole prirent aussi le temps de se raconter ce qui s'était passé depuis leur séparation forcée. Pour Anatole, les soixante-dix années écoulées furent assez simplement racontées. Pour Clara, ce fut plus long et surtout plus surprenant pour lui. Anatole avait choisi d'emmener Clara au point cardinal de Rénata, vers une des extrémités de l'astronef, qui était consacrée aux repos. Certaines zones étaient assez fréquentées, mais Anatole trouva un endroit idéal, calme et relativement à l'abri des regards. Les têtes se retournaient à leur passage. Un humain tenant par la main une créature qui ressemblait à un extra-terrestre de bande dessinée intriguait forcément. Anatole était transformé. Un calme radieux l'habitait désormais. On pouvait sentir une force renouvelée en lui. Clara, elle aussi, était changée. Bien que sur un Orlo les changements de sentiments soient moins visibles de l'extérieur, il n'en restait pas moins que cela aurait été détectable aisément par l'un de ses congénères. Pour Clara, cela faisait si longtemps qu'elle n'avait pas éprouvé un tel bonheur. Ses yeux n'avaient plus rien à voir avec ceux de la Clara humaine, mais les mimiques associées à son regard, et si chères à Anatole, étaient toujours là. Le caractère de Clara avait lui aussi changé. La Clara plutôt entreprenante et parfois un peu exubérante avait fait place à une Clara plus calme et plus sereine. L'aspect même des Orlos renforçait naturellement ce trait de caractère.

Clara prit le temps d'expliquer à Anatole pourquoi les Orlos avaient été créés et comment. Clara sut résumer des centaines d'années par des phrases simples. Anatole apprit ainsi comment l'espèce humaine avait disparu sur Terre et comment les Orlos avaient été chargés de perpétuer l'existence des hommes. Clara fut moins loquace sur les périodes des Premiers avant l'avènement du clonage initial. Anatole avait un milliard de questions. Clara prendrait le temps de lui répondre, ils avaient devant eux plusieurs dizaines d'années, si rien ne survenait.

# Projet de retour sur terre

Le dragon (programme P316) se redressa sur ses deux pattes arrière. Bien que de petite taille par rapport à ses congénères verts, il n'en restait pas moins que ses déplacements dans l'astronef s'avéraient délicats. Déjà ses grandes envolées lui manquaient. Le dragon n'échappa pas à la demande de fournir encore plus d'explications. Ce fut le surlendemain que Brigitte, Anatole et Clara rejoignirent P316 dans l'endroit aménagé. Certes, c'était un lieu assez étroit, mais il n'y avait rien de mieux à lui offrir pour l'instant. Les serres de production étaient des environnements trop fragiles. Anatole s'assit confortablement devant le dragon qui pour une fois s'était allongé, la queue recourbée le long de son abdomen. L'animal avait posé un regard approbateur sur Clara et Anatole. Après une courte discussion, les échanges prirent une tournure beaucoup plus technique.

- J'ai bien compris comment tu as pu arriver ici. Une chance qu'il y ait eu ici tout pour t'accueillir, je parle de molécules et d'atomes disponibles sur place. Quand même, cette possibilité de transport intemporel sur de si longues distances, c'est assez bluffant, surtout pour des organismes aussi complexes que le tien et que celui d'un Orlo. Anatole en disant cela avait doucement resserré ses doigts autour de ceux de Clara. Puis il reprit.

- Incroyable, la capacité de remanier à distance les molécules de la vie pour parfaire un assemblage à l'identique. Un rêve des physiciens de mon époque. Je voudrais bien voir ces biomatrices du Centre. Mais dis-nous, hier tu as mentionné que tu avais tenté d'aller vers d'autres endroits que sur Rénata ?

P316 remua un peu l'extrémité de sa queue et fit apparaître des écrans supplémentaires pour faciliter l'explication. Brigitte, elle, restait debout un peu à l'écart des autres. Elle regardait tantôt vers l'extérieur tantôt en direction de ses amis, paraissant satisfaite des retrouvailles entre Clara et Anatole. Cet amour renaissant serait une bonne chose en apportant un peu de joie en ces temps difficiles.

- Je ne suis pas sûr de pouvoir fournir toutes les réponses à vos questions, reprit le dragon. Clara avait fait le choix de laisser le dragon s'exprimer et répondre aux diverses questions.

- Essaye quand même, on t'écoute, répondit Anatole.

- Au Centre, nous avons étudié les machines et biomatrices qui fonctionnaient encore. L'idée était de pouvoir revenir ici. Comme je te l'ai dit avant hier, je voulais savoir d'où je venais.

Après un temps d'hésitation, P316 reprit.

- Et également pourquoi j'étais différent des autres. Je parle des autres dragons.

- J'avais compris, répliqua Anatole.

- Gus m'a donné pas mal d'information sur les voyages temporels. En fait, je crois qu'il m'a dit à peu près tout ce qu'il savait. Un écran apparut, sur lequel s'affichaient sur fond noir plusieurs galaxies.

- Regarde, la Terre est là dans le système solaire que tu connais. La galaxie elle-même. La voie lactée comme vous l'appelez.

Disant cela, P316 tourna la tête vers Brigitte, qui regardait le prolongement de Rénata à travers la paroi translucide.

- Cette voie lactée se déplace au sein d'un groupe de galaxies assez réduit à l'échelle de l'univers, mais sur le côté droit tu peux remarquer que ces autres amas globulaires, formés eux aussi de centaines de galaxies, se déplacent bien plus lentement dans ce secteur. Nous pensions que se projeter vers cette zone reviendrait en quelque sorte à se mouvoir sur un axe temporel très inférieur à celui de la Terre et encore moins rapide que sur Rénata.

- Et ? Questionna Anatole.

- Et rien, nous avons fait quelques essais mais les matrices refusaient de finaliser le déplacement temporel. Il n'y avait probablement pas assez de composants similaires à ce que je suis, ou bien les calculs étaient trop imprécis.

- Pas étonnant non ? répliqua Anatole.

Le dragon modifia légèrement sa position avant de rajouter.

- Je ne sais pas, mais il y eu des projections d'images dans de nombreuses directions.

A ces mots, d'autres écrans vinrent se superposer à d'autres, sur l'un deux, une série de chiffres dont certains associés à des planètes, étoiles ou naines brunes.

- Gus a pensé que c'étaient probablement des lieux capables de recevoir de telles projections. Mais cela reste encore à prouver. Sur cet écran, tu ne vois qu'un nombre limité de données. D'autres informations sont restées au

Centre.

- Si je comprends bien, tu aurais envoyé une image quantique de toi sur tous ces mondes à minima, dit Anatole.

- Oui, vraisemblablement.

- Recherche Terre.

Anatole venait de s'adresser à un des écrans situés devant lui.

*Terre cible de projection probable*

- Probabilité ? demanda Anatole

*26 %*

- Cela pourrait expliquer pourquoi j'ai vu un dragon avant mon départ en congrès.

- Pardon ?

P316 venait de s'exprimer. Clara tourna son visage vers Anatole. Un sourire sur ses lèvres en disait long.

- Oui, j'ai vu une image de toi enfin, ça y ressemblait pas mal. Je m'en suis servi comme idée de départ pour ta genèse.

Anatole réfléchissait aux conséquences de ce qu'il venait de rapporter.

- Si ce que tu dis est vrai, alors mon image projetée est

la cause de ma création ? dit le dragon comme une pensée exprimée à voix haute.

Brigitte se retourna piquée par la curiosité de la nouvelle. Elle venait de rejoindre le groupe. Les regards se croisèrent.

- Oui c'est possible, je t'ai vu et je t'ai créé, dit Anatole. Etonnant non ? ajouta-t-il.

- Effectivement, dit le dragon.

- Temps des projections, durée, demanda Anatole.

*Temps local d'émission des données estimé à 2 secondes.*

*Temps réception dépendant des zones de réceptions.*

*Données existantes : suggestion entre 2 secondes et 2580000 ans. Données uniquement basées sur les zones de réceptions enregistrées. Théoriquement projection sur temps infini.*

Brigitte pour la première fois intervint.

- Alors des projections d'une durée de 2 secondes auraient pu se faire à différentes périodes de la Terre ?

L'écran se tourna légèrement en direction de la nouvelle voix. Apres un court instant, des chiffres s'affichèrent suivis d'une information confirmant les soupçons de Brigitte.

*Durée proposée entre -25 millions d'année à nos jours.*

Brigitte détourna son regard de l'écran avec un petit sourire.

- Donc, il est bien possible que toute l'histoire des dragons repose sur l'apparition de ton image, renchérit Brigitte.

- Ainsi, les dragons eux-mêmes auraient été inspirés par mon image, s'interrogea à voix haute P316.

- Et oui, répliqua Anatole.

- Bon ce n'est pas tout, mais je commence à avoir faim.

Anatole se leva bien décidé à aller se restaurer.

- Qui m'aime me suive, dit-il en adressant un doux regard vers Clara.

Brigitte se leva également et leur emboîta le pas sous le regard de P316, encore songeur de l'échange qu'ils venaient d'avoir et de toutes ces révélations qu'ils lui avaient faites. Mais alors, serait-il aussi responsable de la mort des Orlos ? Si les dragons existaient par sa faute, en lien avec son déplacement temporel et sa recherche d'identité ! Cela devenait assez complexe et les explications ne faisaient qu'engendrer d'autres questions sans contenir aucune certitude et encore moins de réconfort.

- Après tout, ce ne sont que des hypothèses ?

P316 sur cette idée ferma les yeux et sombra dans une léthargie toute spécifique à la nature dragonnesque.

# Un deuxième atterrissage

Les années avaient passés sur Rénata. Soixante-dix en tout. Sur l'astronef, depuis quelques semaines, on s'affairait de plus en plus. Une nouvelle perspective de retour sur Terre se présentait. Déclarée trop dangereuse dans un premier temps. Il avait été finalement convenu que Rénata serait scindé en deux. Une partie reviendrait sur Terre et l'autre poursuivrait sa route forcée à effectuer une nouvelle boucle de 70 ans.

Ceux qui voulaient poursuivre le voyage dans l'espace étaient finalement assez nombreux et la répartition ne posa pas de problème majeur. Il fut tout de même décidé pour des raisons de commodité, de logistique et de bon sens que seraient envoyés sur Terre uniquement les moyens et matériels qui ne feraient aucunement défaut à ceux qui poursuivraient l'aventure spatiale. La quasi-totalité de l'équipe d'Anatole avait opté pour un atterrissage sur Terre, sauf Brigitte, qui pour des raisons toute personnelles ne souhaitait pas quitter Rénata. De plus, la responsabilité de l'ingénierie biologique et le service de bio-évolution lui revenaient tout naturellement. Les adieux seraient pénibles à vivre.

*60 minutes avant relargage*

Le compte à rebours avait démarré.

- T'es sûr de ta cargaison ? demanda Médine à Anatole.

- Ah c'est malin, occupe-toi plutôt de ton service.

Médine partit en fou rire, ce qui déclencha un sourire d'Anatole. Les contraintes avaient conduit les ingénieurs et les concepteurs de ce plan à envisager une expédition sous forme de petits modules pour minimiser les risques de destruction au moment de la sortie du couloir. Des essais avaient été réalisés et visiblement cela devait fonctionner. La solidité des assemblages des modules avait été testée. Un des obstacles majeurs restait le choc dû à la décélération. Cela pourrait être fatal pour les voyageurs à destination du système solaire, c'était une inconnue que seule l'expérience pouvait résoudre.

La partie de Rénata en partance pour la Terre fut expédiée à travers les mailles du couloir. Plus de trente modules indépendants furent propulsés en même temps. Seuls douze passèrent. Les autres furent malheureusement happés et instantanément réduits en poussière sous l'impact. Les occupants de Rénata qui poursuivaient leur route reçurent cette funèbre information quelques minutes plus tard, provoquant son cortège de larmes et d'incompréhension.

Parmi les douze modules ayant pu échapper à cet effroyable drame, seuls deux possédaient désormais de quoi se propulser vers le système solaire à destination de la Terre. Le plus gros module était constitué d'un assemblage de petites entités indépendantes reliées entre elles pour l'occasion. Un transporteur avec son petit groupe d'individus avait franchi lui aussi l'obstacle.

Toute l'équipe d'Anatole en tremblait encore. Ils avaient sous les yeux la plus grosse catastrophe jamais vue dans l'espace. Tant de perte. Les sentiments de peine, de colère mais aussi de culpabilité se mêlèrent. Les calculateurs transportés à bord des modules ayant survécu finirent rapidement par élaborer un plan alternatif. Le voyage pourrait se poursuivre moins vite que prévu, mais restait possible. Le plus dur était derrière eux.

L'assemblage et l'arrimage des deux modules principaux entre eux ne prirent que quelques jours. Le plus dur était de s'habituer à la perte de ceux qui n'avaient pas franchi les parois du couloir. P316 et Clara en furent également très affectés et partagèrent du mieux qu'ils pouvaient la peine des humains.

L'absence de gravité nécessitait également une réadaptation malgré les entraînements effectués sur Rénata. La Terre n'était pas très éloignée, mais moins que ce qu'avaient annoncé les premières estimations. Les capteurs étaient orientés vers cette planète natale, mais aussi vers toutes les autres planètes du système solaire. Chacun avait en tête les images d'avant leur départ pour l'espace, et espéraient tous retrouver quelques signes familiers sur Terre. Une trace rassurante, un vestige de la civilisation humaine. Les informations sur la disparition humaine avaient été largement diffusées, mais il restait difficile pour eux d'accepter cette nouvelle réalité.

- Toujours rien, aucune communication avec la Terre ? demanda Anatole à l'une des personnes chargées de scruter les environs.

- Et sur la Lune ? renchérit Anatole.

- Rien pas de signe de vie, lui dit sans se retourner la personne assise devant lui.

Anatole regardait le deux écrans alternativement. Sur l'un deux, les empreintes moléculaires défilaient planète après planète. Europe, vide. Rien sur la Lune, pas de vie !

Enfin presque rien. Ni sur les autres planètes colonisées !

- Pas de communication venant de la ceinture de Kuiper non plus.

Sur le deuxième écran, les visages avec qui Anatole échangeait ces propos semblaient inexpressifs, dans l'attente de nouvelles rassurantes. En tant que seul biologiste ayant survécu, Anatole avait pris en charge la communication des données retransmises par les nombreuses sondes lancées pour rechercher la vie. Clara s'était bien habituée à l'environnement et au mode de vie des hommes. Elle participait entièrement aux différentes tâches quotidiennes. Ses compétences et son savoir-faire étaient appréciés de tous, mais elle savait aussi rester discrète. Dans les moments difficiles, elle était là présente aux côtés d'Anatole.

- Les données de la Terre viennent d'arriver. Il y a de la vie partout, et elle ne semble pas localisée à certains endroits contrairement à ce que à quoi on pouvait s'attendre, dit Anatole.

Le dragon partageait ces informations, inconfortablement installé, certes, mais il n'en manquait pas une miette. Les écrans relais n'apportaient pas encore toutes les réponses à ses interrogations. Mais il avait appris à devenir patient. Qu'était-il arrivé aux Orlos ?

Les jours passèrent. Les informations parvenaient et était commentées régulièrement. La colonie ne comportait plus que soixante-quatorze êtres humains, un Orlo et un dragon. L'arrivée sur Terre devait, si tout se passait bien, s'effectuer dans treize jours et douze heures. La vie reprenait peu à peu ses droits. Le chagrin avait fait place aux préoccupations journalières. Bien que tous les modules aient été conçus pour être autonomes au cas où les choses tourneraient mal, il n'en restait pas moins qu'ils étaient largement complémentaires y compris en termes de ressources. Par chance, aucune difficulté énergétique, sanitaire ou alimentaire n'empêcha le conglomérat de petits astronefs de s'approcher de la Terre. Aucun signe de vie intelligente n'avait été détecté. Pas de communication, pas de réponse aux différents messages envoyés. La Lune ne répondait pas non plus, et *Xu Zhimo* était aux abonnés absents. La vie suggérée par les écrans correspondait plutôt à celle qui existait plusieurs milliers d'années auparavant, finalement proche de celle qui existait avant même l'arrivée des premiers primates.

Les tampons assurèrent leur fonction. Les modules les plus volumineux absorbèrent le choc et les vibrations. Le site d'atterrissage fut choisi au pied d'une montagne dominant une plaine vaste. L'entrée si redoutée dans l'atmosphère terrestre n'avait pas posé de souci supplémentaire. Tous les voyants se mirent au vert. Les conditions de vie à l'extérieur ne présentaient aucun danger. Une certaine appréhension se faisait sentir. Pour certains respirer l'air sur Terre après une absence de plus de cent quarante ans s'avérerait riche en émotions. Onze personnes allaient pour la première fois découvrir le sol terrien. En fait découvrir un sol tout court. Pour Clara, c'était une sensation toute particulière, elle revenait chez elle.

# Premier jour

Il devait être aux environs de midi. Les portes des deux hangars principaux s'ouvrirent en même temps. Le dragon fut le premier à sortir. Un bref coup d'œil et il s'envola toutes ailes déployées dans un rugissement de plaisir. Jamais, il n'aurait cru cela aussi plaisant. Il monta, monta encore et aborda une redescente tantôt en piqué tantôt en décrivant de grands cercles concentriques lui permettant de voir le paysage. Il ne faisait pas froid, la fraîcheur liée au courant d'air qu'il traversait lui procurait des sensations oubliées. Le vent sur ses écailles lui apportait la caresse si souvent désirée à bord du Rénata. La plaine était un vaste espace, limitée dans une direction seulement par les contreforts montagneux. Derrière lui, les modules n'étaient qu'un petit amas dérisoire, ridiculement petit. Le dragon vira et se résolut à rejoindre les nouveaux terriens. Anatole leva les yeux et aperçut le dragon aller au gré des courants dans sa direction. Lui-même ne s'était-il pas dénommé ainsi ! Tout en regardant vers le ciel, il eut l'envie pressante de rencontrer d'autre Orlos, ces êtres décrits par P316 le fascinaient. Il avait bien compris que les hommes étaient responsables de leur émergence sur Terre.

Rencontrer ces êtres qui représentaient en quelque sorte son futur l'amusait profondément. Pour Anatole, Clara bien sûr était à part. A ces yeux, elle n'était ni humaine ni orlesque, mais Clara.

Le sourire était sur tous les visages. S'installer n'était plus une charge, une besogne à accomplir. L'impatience grandissait. Visiter, explorer les horizons étaient dans toutes les pensées. Anatole comme d'autres était métamorphosé. Enivré par les odeurs et surtout cette lumière. Ses sens étaient stimulés au-delà de ce à quoi il s'attendait. La vie était partout, plantes, fleurs, le moindre brin d'herbe revêtait toute son importance. Les insectes eux aussi, avec leur air familier. Plusieurs milliers d'années s'étaient écoulées depuis qu'Anatole avait quitté ce sol. Il savait que ce laps de temps était conséquent pour l'histoire humaine, mais ne représentait rien à l'échelle de la planète. Ce fut là une des rares pensées matérialistes d'Anatole en ces moments si chargés en émotions, où le ressenti domine tout. L'heure était à savourer ce qu'ils avaient sous les pieds, devant les yeux et à portée de mains et de narines.

Par prudence, des capteurs de mouvement et tout un

arsenal de détecteurs avaient été disposés aux alentours. Ce fut à la tombée de la nuit qu'apparurent les premiers signes des dragons, tout d'abord sur les écrans de détection, puis en direct sur les instruments de vision longue portée. La plupart des nouveaux occupants de la Terre étaient regroupés autour des écrans, excepté un petit nombre qui avaient préféré aller se reposer après cette journée pleine d'émotions. P316 regardait lui aussi les écrans, mais contemplait plus souvent le ciel. Une couverture nuageuse avait fait disparaître les étoiles. Le soleil avait toutefois eu le temps de jouer avec ses couleurs favorites du bleu turquoise et du rose aux teintes orangées plus soutenues.

## Un premier contact (pas des plus agréables !).

P316 vint à la rencontre d'Anatole. Ce dernier consultait alternativement les écrans mobiles et la lunette installée sur une petite hauteur permettant une vue panoramique de haute résolution.

- J'en vois bien plus que quatre, j'en vois près d'une vingtaine !

- Ne nous avais-tu pas affirmé n'en avoir produit que quatre en comptant P316 ?

Ochi venait de s'inviter dans la conversation. D'une stature exceptionnelle, du haut de ses deux mètres quinze, il avait une présence toute naturelle. Mais son savoir et sa gentillesse également exceptionnels étaient appréciés de tous.

- Si, mais n'oublie pas qu'ici plusieurs milliers d'années se sont écoulés : ils ont dû se reproduire, répondit songeur Anatole.

P316 écoutait et scrutait l'horizon de ses yeux perçants. Il venait de prendre sa position favorite. Ochi s'assit près d'Anatole, lui aussi portait son regard vers l'endroit d'où surgiraient les créatures ailées.

Au bout de dix minutes, un petit nuage se fit au loin.

Ochi s'écria.

- Ils arrivent !

- Nous devrions nous réfugier à l'abri, ce serait plus sage.

Disant cela, Anatole quitta son poste d'observation, suivi de P316 et d'Ochi qui crut bon de ne rien ajouter. La consigne fut donnée à tous. Les portes de la navette se refermèrent. Maintenant, ils pouvaient réfléchir à la suite. Que devraient-ils faire ? P316 n'avait nullement l'intention d'aller à la rencontre de ses congénères. Le souvenir cuisant de ce qu'avaient subi ses amis Orlos était encore bien présent. Trop souvent, le visage de Clara le ramenait à ce souvenir douloureux. Maintenant, une des solutions serait d'empêcher l'avènement des dragons. Une idée commençait à germer dans sa tête, il en parlerait à Anatole. Mais pas pour l'instant. Il se faisait tard maintenant et la nuit était bien installée. Le ciel était chargé de nuages et au loin les formes ailées commençaient à se voir distinctement. Les dragons en vol désordonné se rapprochaient peu à peu.

Ochi était resté avec Anatole. Médine et un petit groupe d'autres individus ne tardèrent pas à les rejoindre, plus pour récolter des informations sur ceux qui étaient dehors que sur ce qu'ils devraient faire dans les heures qui suivaient. Anatole dut donner quelques informations sur les dragons qui approchaient.

Enfin, les dragons furent à proximité. Médine, qui venait de les apercevoir à travers un hublot, lâcha un sifflement de surprise. Les autres se tournèrent vers lui.

- Ils sont grands... deux à trois fois plus grand que notre ami.

Médine désigna P316.

P316 changea de position. Il savait que Médine se trompait. Les grands verts étaient en réalité quatre à cinq fois plus grands que lui. Le vol des dragons se poursuivit au-dessus de leur tête pendant plus d'une heure. Aucun ne s'était aventuré à entamer la coque de la navette. Les soixante-quatorze occupants de la navette regardaient désormais soit par les hublots soit les écrans de détection. Les dragons décidèrent soudainement de partir. Ils se dirigèrent vers un grand promontoire qui surplombait la vallée où s'était posée la navette.

- Je pense que l'on sera tranquille pour la nuit.

- Oui, mais qu'allons-nous faire maintenant ? Rester ou

partir, mais pour où ?

C'était Médine qui avait exprimé à voix haute les inquiétudes de chacun. Le soulagement suscité par l'éloignement des dragons laissa place à une discussion animée. Malgré la fatigue consécutive aux émotions de la journée, chacun sentait le besoin de décider d'une ligne d'action avant d'aller se reposer. Finalement, Anatole résuma la délibération :

- Bon, demain nous formerons deux groupes. Un restera dans la navette et l'autre ira en exploration. Je propose d'aller vers la zone où nos scanners ont localisé un Centre. Ce Centre est constitué d'un petit ensemble de bâtiments résistant construit par les...

Anatole s'interrompit, car il savait que tous n'étaient pas encore en possession des informations qu'il avait recueilli sur les Orlos. Clara avait évidemment grandement contribué à la compréhension du mode de vie de ces êtres. Maintenant, elle recherchait par tous les moyens dont elle disposait des traces de ses amis. Elle y employait la plupart de son temps. Le reste, elle le consacrait à Anatole. Elle passait aussi des moments avec P316, surtout pendant les périodes de repos du dragon quand il était lové sur lui-même. Elle se proposa d'accompagner le groupe de reconnaissance qui devait partir vers le Centre. Anatole reprit :

- Disons que les individus qui ont construit ces bâtiments détenaient un certain savoir. Vous pourrez trouver plus de détails sur le sujet dans le dossier 241. Prenez le temps de le consulter. Clara peut aussi vous apporter des informations supplémentaires si vous le souhaitez. C'est à mon avis une bonne solution d'aller vers ce Centre. Les données récupérées par les scanneurs indiquent que ces bâtiments sont intègres et n'ont subi a priori aucun dommage extérieur.

Les échanges continuèrent encore quelques minutes puis d'un commun accord, tous allèrent se reposer. Sur le promontoire, des ombres se mouvaient. Quelques ailes se dépliaient doucement avant de reprendre leur position le long des grands corps écailleux. Les griffes d'un noir d'encre reflétaient la lumière de la Lune. Quelques regards perçant en direction de la navette trahissaient l'attention que portait cette communauté aux nouveaux arrivants.

# Vers le Centre

La nuit avait été profitable à toute la petite colonie. Chacun prit le temps de se préparer pour cette nouvelle journée. Les tâches étaient bien réparties. Anatole avait à peine posé le pied par terre qu'il regardait par le hublot de sa cabine en direction du promontoire. Les dragons étaient toujours là, ce qui ne faciliterait pas le départ vers le Centre. Il avait été convenu que le groupe d'exploration, mené par Anatole, serait réduit. Le départ était prévu à neuf heures, mais dépendrait évidemment de l'attitude des dragons.

Une demi-heure avant le départ, la petite troupe était prête. Anatole avait pu convaincre les plus réticents d'emprunter les deux véhicules tout-terrain. L'une des machines possédait de larges roues et pouvait sur des distances raisonnables utiliser la propulsion et l'élévation par air. Le second véhicule était destiné au transport de charges, lui aussi possédait un système limitant l'effet de la gravité terrestre. C'est dans ce dernier mode de transport que serait acheminé vers le Centre la plupart de la compagnie. Anatole, Médine et Clara ouvriraient le passage à bord du premier véhicule. Conduire ce type d'engins était des plus faciles. Truffés de capteurs et d'automatismes, ils devraient pouvoir traverser facilement les forêts et franchir les plaines qui les séparaient du Centre. Les cours d'eau ne poseraient aucun problème. Le mode aéroglisseur permettrait aux deux véhicules de franchir ce type d'obstacle. Anatole était soucieux d'une seule chose, les dragons. Ils représentaient un danger potentiel, ce qui malheureusement se confirma très vite. Les véhicules sortirent prudemment d'une des deux portes arrière de la navette, suivis par P316. L'idée était de rejoindre rapidement la protection de la forêt située à quelques centaines de mètres. Bien que peu dense, elle devrait apporter une protection suffisante. Quelques minutes après leur sortie, un signal d'alerte retentit. Un vol de dragons. L'impression dégagée par ces dizaines de dragons fonçant toutes ailes déployées vers eux était telle que le premier réflexe fut de faire demi-tour et de rentrer se mettre à l'abri. Quelques dizaines de minutes après que les portes se soient refermées, le bruissement des ailes se faisait toujours entendre signalant la présence des dragons. Pire, certains bruits retentirent. Les écrans lumineux de surveillance s'allumèrent et affichèrent leurs informations et leurs messages d'alerte. Les capteurs étaient plutôt habitués à caractériser des micrométéorites que les griffes d'un dragon. Anatole n'était pas vraiment sûr qu'un autre moment de la journée serait plus favorable. Les dragons ne semblaient dormir que d'un œil et leur vigilance ne permettrait pas une sortie en toute discrétion. De plus, la nuit serait encore plus défavorable aux humains.

La solution qui s'imposa fut de tenter une diversion. Une heure plus tard, un test fut fait avec l'envoi d'une sonde à l'opposé de la forêt. La réponse des dragons fut nette. La sonde subit une volée de chocs. Les pattes puissantes des grands verts retournèrent plusieurs fois l'appareil. Puis ces derniers se désintéressèrent rapidement de cette chose visiblement non comestible et qui ne bougeait plus !

- Je vais vous offrir cette diversion, proposa alors P316. Je pense pouvoir tenir la distance vers la partie haute de la forêt vers la gauche. Ce n'est qu'à cent cinquante mètres. C'est faisable et cela me détendra les ailes.

Le ton résolu de P316 ôta rapidement l'envie de le contredire. Anatole commençait à connaître son compagnon, sa progéniture.

- Ok, on se tient prêt dans une demi-heure, ordonna Anatole au reste de la troupe.

P316 venait d'allonger son cou, faisant ressortir sa petite crête. P316 sortit sans aucune hésitation et prit son envol. Contrairement à son habitude, il ne s'éleva pas dans le ciel, mais resta en rase-motte. Son départ fut impressionnant. P316 se propulsait de plus en plus vite vers la forêt, comme il l'avait annoncé. Ses compagnons après avoir admiré cette envolée rentrèrent dans les véhicules et s'apprêtèrent à sortir à leur tour. La réponse des dragons ne se fit pas attendre. Près d'une dizaine filaient déjà le train de P316. Mais ils furent tous surpris par la vélocité de ce petit dragon. Il serait difficile de le rattraper.

Anatole donna le départ. Les deux véhicules sortirent et se dirigèrent rapidement vers la partie basse de la forêt. Deux dragons seulement emboîtèrent le pas des véhicules. C'était pour Anatole déjà deux de trop. La diversion fut quand même une réussite. P316 arriva sous protection de la forêt et choisit un endroit limitant la progression des grands verts. Pour une fois, sa taille serait un avantage. De leur côté Anatole et sa troupe venaient de s'engouffrer dans un sous-bois qui ressemblait plus à une haute haie de broussailles et d'épineux parsemés de feuillus qu'une vraie forêt. Mais cela représentait une protection idéale. Les deux poursuivants firent bien quelques tentatives mais ils s'emmêlèrent, se trouvèrent en difficulté pour reprendre leur envol et finirent par renoncer et à rejoindre les autres dragons. P316 savait qu'il ne pouvait se contenter de cette situation. Il ne ferait pas le poids s'il devait affronter les autres dragons. Il chercha un refuge tandis qu'à peine quelques mètres plus haut s'agitaient des ailes et des griffes acérées qui en disaient long sur l'intention des grands dragons. P316 trouva enfin ce qu'il cherchait, une grotte ou plutôt une faille suffisamment grande pour s'y glisser. P316 en son for intérieur remercia les pluies pour avoir travaillé la roche calcaire de cette façon et lui fournir un refuge salutaire. Les dragons essayèrent à plusieurs reprises d'atteindre le petit dragon brun qui venait de disparaître dans cette fissure, en vain.

- C'est bon, il est en sécurité, enfin je suppose, annonça Anatole.

La nouvelle venait de rassurer ceux enfermés dans la navette, mais aussi ceux partis de leur côté.

- Bon, maintenant que fait-on ?

Le second véhicule plus encombrant venait de stopper derrière eux. Les écrans montraient des visages soucieux.

- On progresse doucement, mais sûrement, tant que cela reste possible, suggéra Anatole.

- Ok, c'est reparti, répondit Médine.

Celui-ci s'adressa à l'écran clignotant de couleur bleu qui, s'éclaircissant, lui indiqua qu'il reprenait ses fonctions. Les véhicules démarrèrent doucement et progressèrent à travers la végétation dense et protectrice. De nombreux animaux étaient délogés par leur passage. Tout en avançant, les passagers des deux véhicules regardaient les envolées d'oiseaux et les échappées de petits mammifères. Ce sous-bois buissonneux constituait un lieu idéal pour toute cette faune. P316, lui, restait blotti à l'écoute. Anatole s'adressa aux occupants de l'autre véhicule.

- Nous devrions arriver au Centre dans deux jours si tout se passe comme prévu… et si ces foutus dragons nous laissent tranquilles. En attendant, je propose de trouver un abri.

L'ordre fut donné aux capteurs pour une recherche

d'abris pouvant convenir. Anatole regarda Médine.

- Je vais lancer également quelques sondes.

Quatre petites sphères sortirent du véhicule de tête et partirent dans les quatre directions. Ces caméras allaient exécuter un balayage des environs à la recherche d'un site potentiel afin de pouvoir passer la nuit en toute sécurité. Le relevé topographique ne dura que trois minutes. L'amas de roches calcaires identifié ferait l'affaire. Il offrait protection pour eux, mais aussi permettrait dans une certaine mesure de protéger les deux véhicules

- Des nouvelles de la navette ? questionna Médine.

- Oui, tout va bien. L'attaque des dragons n'a pas repris, lui répondit son interlocuteur.

Anatole avait eu des nouvelles de ceux restés dans la navette, mais aussi de P316. Il pouvait maintenant consacrer son attention à l'installation du camp pour la nuit. Les dragons avaient apparemment délaissé la petite troupe qui se dirigeait vers le sud. Par contre, deux animaux guettaient encore la sortie de P316. Une diversion avait été tentée par les occupants de la navette avec une sonde plus grosse que la précédente. Mais le résultat fut le même et la durée de vie de cette nouvelle sonde à peine plus longue que la précédente. P316 était toujours réduit à se terrer dans sa faille. Un dragon peut rester un certain temps sans se nourrir et même sans boire. S'il le désire, il peut même rester assoupi plusieurs années. Mais, si l'ennui et l'envie de bouger lui viennent, ces élans s'avèrent difficiles à contrôler pour tout dragon quel qu'il soit. P316 commençait à s'agiter. Il réfléchit à une solution, mais n'en entrevoyait aucune pour l'instant. Lui aussi avait la ferme résolution d'atteindre le Centre. L'opportunité se présenta au cours d'un relais entre dragons. Deux grands verts venaient prendre leur tour de garde et l'échangèrent avec ceux qui étaient là depuis plus d'un jour. P316 fut on ne peut plus discret et se dégagea de son abri sans faire de bruit. La minute d'inattention de la part des dragons permit à P316 de se diriger rapidement à travers une série de feuillus providentiels. Il parcourut ainsi une distance suffisante pour échapper à la surveillance des grands verts.

Puis, l'alerte fut donnée. Les ailes se déployèrent et quatre dragons s'envolèrent simultanément à la recherche de leur proie. P316, toujours le plus silencieusement possible, mettait de plus en plus de distance entre lui et ses poursuivants. Les grands verts tournèrent dans les airs en faisant des cercles de plus en plus amples pour retrouver le petit dragon. P316 profita d'une autre faille pour disparaître comme savent le faire les dragons. Les grands verts furieux se résignèrent à quitter cet endroit. Ils reprirent leur vol en direction du promontoire d'où ils étaient venus. P316 attendit la nuit, le silence et après s'être assuré que le danger avait complètement disparu, il prit son envol. Restant au ras du sol, ses yeux de dragon faisaient des merveilles la nuit. Ses oreilles étaient à l'affut du moindre bruit suspect, ses ailes l'emportaient en direction du Centre, vers les hommes qui l'avait emmené jusqu'ici et conduit pour la seconde fois sur cette planète.

# Souvenir

P316 repéra les deux véhicules qui se dirigeaient à travers un goulet assez étroit. Il rejoignit ainsi le reste de la troupe. Les véhicules s'immobilisèrent à son approche, et le dragon atterrit juste devant eux. Il replia ses ailes le long du corps et attendit. Anatole fut le premier à sortir du véhicule de tête. Il arborait un large sourire.

- C'est super de te voir. Tu t'en es bien tiré et tu nous as ôté une grosse épine du pied.

La communication entre les deux s'effectuait grâce à un écran auto-portatif qui suivait Anatole et avait identifié le dragon.

- Le Centre n'est plus très loin et le chemin qui nous y emmène devrait être assez sûr.

- De mon côté, j'effectuerai quelques vols à mi-hauteur afin de s'assurer que les autres dragons ne nous suivent pas.

L'ensemble du groupe était sorti des véhicules et en profitait pour se dégourdir les jambes. Le goulet laissait assez de place au dragon pour faire également quelques mouvements. Tandis qu'il racontait comment il avait pu échapper aux grands verts, il levait régulièrement la tête pour surveiller le ciel. Certains étaient partis explorer les environs. Médine interrogeait les régulateurs des deux véhicules et regardait la puissance restante. Ils n'auraient probablement pas le besoin de faire une recharge avant d'arriver au Centre. Tout était en ordre. Le lieu où ils se trouvaient était assez confortable pour envisager d'y passer la nuit, ce qu'ils firent.

Le lendemain, la pluie tombait fortement. C'était une chose assez inhabituelle pour ces hommes fraîchement débarqués sur Terre. Au point que certains restèrent sous la pluie et se firent tremper à souhait. Les préparatifs terminés, le repas du matin également et les dernières chevelures séchées, le convoi se mit en branle. En fin d'après-midi, le Centre devrait être en vue.

P316 prit son envol, après avoir conversé avec Médine via les écrans relais. Pas de dragons en vue, il pourrait profiter des vents dominants. La pluie ne le gênait nullement. Un dragon est habitué à toutes sortes de climats. Et les ciels chargés, gris, nuageux voire pluvieux étaient plutôt appréciés de ces grands serpents ailés. P316 fut le premier à voir le Centre. Dix minutes lui suffirent pour le rejoindre. Il se posa à cent mètres de l'entrée principale. Son regard scruta les environs nourrissant sa mémoire. Le bâtiment principal était fermé, mais la bâtisse n'avait pas l'air d'avoir subi les méfaits du temps. Sept mille ans après, la structure paraissait intacte. Cela contrastait avec les ruines des anciennes villes qu'il avait entrevues sur les moniteurs écrans. La nature avait repris ses droits et les Orlos n'avaient rien fait, tout au contraire pour éviter cela. Ils avaient dans les temps plus reculés fait disparaître la plupart des ouvrages des hommes. Les restes de la civilisation humaine avaient peu à peu disparu sous la végétation. Ses compagnons de voyage arriveraient dans une bonne heure et il attendrait Anatole, Médine, Clara et les autres avant de franchir la porte d'entrée. Cela lui laissait tout le temps de rêvasser et de regarder tout autour du bâtiment. Il ne restait rien du cercle où étaient disposés les réceptacles utilisés pour le voyage extra-corporel. Quelle expérience ! P316 finit par rejoindre une petite hauteur pour guetter l'arrivée des engins.

Anatole arriva enfin dans le véhicule de tête, suivi de près par le second. Les aéroglisseurs fonctionnaient à cause du terrain très caillouteux. Les véhicules finirent pas se stabiliser et s'arrêtèrent sous le regard bienveillant de

P316.

- Nous sommes tous là ?

Anatole venait de s'adresser à Médine et indirectement à tous.

- Bon, on y va, P316 !

P316 s'approcha de la porte. Le bâtiment reconnut P316 et libéra l'entrée de son écran protecteur débloquant ainsi les deux battants de la porte. Ils s'ouvrirent et tous purent ainsi pénétrer dans la bâtisse. L'intérieur était assez vaste pour contenir toute la troupe ainsi que P316. Certains voyants à l'extrémité gauche de la salle s'allumèrent signalant l'entrée des visiteurs.

- Allons-y au boulot, dit Anatole.

- Regardez s'il y a des choses qui peuvent améliorer notre quotidien, ainsi que des moyens de communication. Je voudrais bien avoir des nouvelles de la Lune et du Rénata.

Anatole regardait P316 et Clara dans l'attente d'une suggestion. Le dragon perçut cette demande.

- Avance vers le centre de la pièce. Ta voix devrait faire réagir l'ensemble. Enfin, je crois.

Clara confirma les dires du dragon par un hochement de

tête ce qui était une réaction purement humaine.

Anatole suivit les instructions du dragon.

- Il y a quelqu'un ? demanda Anatole.

Une autre série de voyants clignotèrent et un hologramme apparut sur le côté gauche en dessous du premier clignotant qu'ils avaient repéré en entrant. Aucune réponse, sauf quelques sons ténus qui se firent entendre. Le petit groupe se chargea de comprendre comment ils pouvaient interfacer avec les différents instruments et moniteurs disposés un peu partout. Certaines de ces machines réagirent à l'approche. Mais aucun effet particulier ne s'ensuivit. Clara aussi déclencha quelques appareils automatiquement, mais peu de réactions se produisirent.

P316 regarda Anatole.

- Désolé, mais je ne sais pas faire fonctionner quoi que ce soit ici. Les choses avaient paru se faire toutes seules. Gus, enfin l'Orlo, qui m'a souvent accompagné ici avait touché à ceci.

P316 venait de désigner un petit boîtier qui lui aussi s'était réveillé et semblait attendre des instructions. Médine, piqué par la curiosité, et deux autres membres de l'équipe essayèrent en vain de lui tirer une réponse.

Le petit dragon ne semblait pas contrarié, mais plutôt gêné de ne pouvoir aider davantage ses amis. Médine se retourna après une ultime tentative.

- Bon, Ochi et toi ?

- Rien.

- Et les biomatrices ?

- Elles ne réagissent pas.

Médine venait de désigner du doigt les deux blocs posés sur l'établi situé derrière P316. Ce dernier lui avait montré les biomatrices dès leur arrivée. Clara et P316 conjointement avaient tenté de réactiver certaines de leurs fonctions biomatrice, en vain. Clara avait pourtant réussi à faire réagir différents appareils. Bien qu'elle fût un des Premiers, ses connaissances sur le Centre étaient assez limitées. Elle avait assez peu voyagé vers le Centre. Seuls quelques Orlos possédaient des connaissances sur ce lieu et les technologies anciennes. Les discussions croisées durèrent encore deux heures sans pour autant débloquer significativement la situation.

- Bon, nous n'arriverons à rien. Ces technologies nous sont étrangères. La vache, quand je pense que ce sont nos descendants qui... enfin..., dit Anatole.

- On a fait le tour, aucune de nos sondes n'a pu faire réagir ces instruments, résuma Ochi. Et je suis assez pessimiste. Je ne pense pas malheureusement que nous aurons plus de chance avec nos relais sur notre navette.

- On pourrait tenter le coup ? dit Médine.

- Je pense que c'est mal barré.

Anatole venait de reprendre Médine.

- Que risquons-nous ? reprit Médine.

- Rien effectivement, sauf peut-être de se faire bouffer par des dragons.

- A qui la faute ?

- Ha ! Ça c'est malin !

- Bon inutile d'ergoter. Ce qui est fait est fait.

Ochi venait de stopper un échange qui aurait pu peut-être dégénérer, à cause de cette situation plus que frustrante. P316 jeta un coup d'œil autour de lui, puis il prit la direction de la sortie, suivi par quelqu'un de l'équipe. Finalement après un certain temps, tous se retrouvèrent à l'extérieur, pensifs. C'était un échec, un lamentable échec. Anatole regardait les voyants s'éteindre et les volets de protection revenir à leur position initiale.

- Tout ça pour rien.

Personne ne voulut s'appesantir sur ce que venait de dire Anatole. Peu à peu, chacun s'attela à sa tâche dans l'établissement du camp pour la nuit. Le campement devait être sécurisé afin de contrer une éventuelle attaque de dragons. Restait une question : que faire maintenant ?

# Un avenir incertain

Le retour se réalisa sans encombre ni mauvaise rencontre. A l'approche de la navette, l'anxiété était montée d'un cran. Tous s'attendaient à voir débarquer une armée volante de dragons. P316 également redoutait un peu ce retour. De plus, il se voyait obligé de rester dans la navette au cas ou les grands Verts étaient toujours là. Mais ils n'eurent pas de surprise désagréable. Toutefois, P316 semblait préoccupé au point de stopper le véhicule de tête et de solliciter la présence d'Anatole.

- Quoi, que se passe-t-il. Tu sens les dragons ?

- Non, enfin pas vraiment.

- Que se passe-t-il alors ?

- Il y a quelque chose de différent, je ressens la présence de quelque chose ou plutôt de quelqu'un. Une présence dans ma tête.

Anatole s'était tu, un peu étonné de la réaction de son ami.

- Je crois qu'un dragon cherche à me parler, à communiquer.

*Les dragons ont la capacité de télépathie. Probabilité de connexion estimée à 80 %.*

L'écran portatif de communication venait d'apporter une explication assez évidente pour Anatole et P316.

- Tu as cette faculté ?

- Pas que je sache.

- Et avec les Orlos ?

- C'était différent, pas la même sensation.

P316 réalisa qu'il avait interrompu ce type d'échange avec Clara depuis une longue période maintenant. Clara avait tellement progressé dans la conversation orale qu'elle avait privilégié ce mode de communication. Le dragon reprit.

- Je sens une seule présence. Elle vient d'un dragon. Maintenant, je la ressens plus précise. Un grand vert, mais différent des autres.

- Et ? demanda Anatole.

- Il cherche à entrer en contact avec moi. Je commence à percevoir un langage structuré.

- C'est en lien avec le fait qu'ils ne nous ont pas attaqués ?

- Peut-être, répondit P316.

- Approchons-nous, suggéra Anatole. Les deux véhicules reprirent leur route vers la navette. Trois cents mètres restaient à parcourir avant de voir l'appareil et le promontoire où les dragons devaient attendre. Lorsque la navette fut en vue, ils constatèrent que les dragons étaient toujours présents. Pas plus nombreux, mais sur la partie la plus haute se dressait une forme beaucoup plus imposante. Un grand vert dépassait largement ses congénères en taille. Trois ou quatre fois plus grand. Pour P316, le doute n'existait plus, ce dragon lui parlait, c'était certain. Pourtant éloigné de plusieurs centaines de mètres, P316 distinguait très bien la silhouette. La tête tournée vers lui et son regard perçant.

- Ssssssssi, que fais-tu avec les proies ?

P316 n'osa pas répondre tout de suite, surpris mais aussi impressionné. Une force se dégageait de cette présence qui s'imposait dans son esprit, sans même y avoir été invité.

- Tu ne réponds donc pas ? Ssssssssi, serais-tu handicapé ? Je comprendrais qu'un jeune dragon ne sache pas échanger de la sorte, mais si je ne me trompe pas, tu as le même âge que moi, non ?

P316 garda encore le silence, mais finit par partager avec Anatole ce qu'il venait de comprendre.

- Anatole, je pense que le grand vert est un des dragons qui ont été envoyés sur Terre en même temps que moi, il y a 70 ans, non en fait 7000 ans ici. Les dragons ont une longévité estimée entre 500 et 2000 ans selon les données enregistrées, mais ces informations ne sont aucunement exemplifiées. Anatole releva son regard de l'écran, en direction de P316, puis du grand vert qui sur son éminence venait de déployer ses deux grandes ailes, rendant ainsi la domination de ce dragon encore plus impressionnante.

- Sssssssi, viens me voir.

P316 s'adressa à Anatole sans même le regarder.

- Il me demande de venir le voir. Enfin, de venir la voir. C'est une femelle, oui la femelle la seule des trois grands verts venus avec moi.

- Comptes-tu y aller ? demanda Anatole.

- Je ne sais pas je ne ressens aucune agressivité particulière, lui répondit P316, tout en se redressant sur ses pattes arrières.

- Sssssssi, alors tu viens ?

- Je crois que je vais y aller.

- Fais attention tout de même, lui dit Anatole, qui s'inquiétait pour P316.

Il n'avait aucune confiance en ces grands dragons. La perfidie était une des caractéristiques de ces créatures. Il avait lui-même participé à cette programmation !

- Sssssssi, je t'attends.

P316 se risqua à répondre mentalement, bien que très maladroitement.

- Oui, je vais venir.

Le petit dragon brun se redressa et prit son envol. Anatole se retourna pour donner quelques explications aux autres et résumer la situation. Il suffit d'une dizaine de minutes pour à P316 pour rejoindre ceux de son espèce. Lui qui avait l'habitude de dominer les autres par sa taille se sentait maintenant tout petit.

- Ssssssssi, tu n'as pas répondu. Que faisais-tu parmi les proies ?

- Ce ne sont pas des proies mais mes compagnons, mes partenaires en quelque sorte.

P316 tentait diplomatiquement de changer le statut des hommes aux yeux du grand vert.

- Sssssssi, sottise, ce ne sont que des proies, chétives d'ailleurs.

P316 venait de se rappeler qu'il avait devant lui un des

responsables de la disparition de ses amis Orlos. Mais, il lui parut peu judicieux d'aborder ce sujet.

- Sssssssi, hum.

Le grand dragon venait de lancer un regard particulier qui en disait assez. P316 sentit qu'il lui serait difficile de cacher certaines émotions.

- Sssssssi, suis-moi.

Les ailes du grand vert soulevèrent ce corps massif, qui semblait avoir déjà bien vécu. Les dragons les plus proches s'écartèrent prudemment. P316 prit également son envol. L'envergure du grand vert était impressionnante. En quelques coups d'ailes, il avait déjà parcouru une distance significative. P316 dut forcer l'allure pour la suivre.

- Sssssssi, tu ne te souviens donc pas de moi ?

- Je devine.

- Sssssssi.

P316 accéléra encore son allure.

- Les deux autres sont loin d'ici. Je les ai chassés, je ne les supportais plus. Maintenant, sssssssi, je vis entourée de mes enfants, et des enfants de mes enfants.

P316 se contenta de suivre le dragon qui filait devant lui.

- Sssssssi, nous allons là où nous nous sommes installés

Les images défilèrent dans la tête de P316, tout en essayant de fermer le plus possible son esprit, sans savoir d'ailleurs si cela serait vraiment efficace.

- Sssssssi, nous arrivons bientôt. Reste près de moi, la falaise où nous nichons est juste derrière.

Devant P316 se dressait une sorte de pain de sucre granitique.

- Sssssssi, c'est là, installe-toi où tu veux.

Quelques dragons verts se reposaient, mais ils prirent leur envol à l'arrivée de la grande verte. Le comportement des dragons traduisait un mélange de peur et de respect. P316 n'était pas du tout habitué à ce genre de sentiment et de rapport sociaux.

- Sssssssi, je les ai prévenus, tu es mon invité. Tu n'as rien à craindre d'eux.

P316 prit place dans une anfractuosité qui lui paraissait propice. La vue était impressionnante, devant eux une plaine à perte de vue. La végétation était peu abondante. Au loin P316 aperçut ce qui ressemblait à des herbivores.

- Sssssssi, bien installé ? Sssssssi, raconte-moi ce que

tu fais là et pourquoi nous ne t'avons pas vu depuis ces si nombreuses années.

- Je n'étais pas sur cette planète.

P316 prudemment préféra omettre son passage à l'époque des Orlos. Le grand dragon parut sur le moment surpris de la réponse de P316, mais il se souvint que lui aussi n'était pas originaire de la Terre. Le dragon se contenta de regarder P316 et prépara son sifflement.

- Sssssssi, je comprends et je devine de nombreuses choses, mais qu'importe maintenant tu es là. Et nous devons te trouver un endroit.

- Mais, je ne souhaite aller nulle part pour l'instant, seulement rester avec mes amis, rétorqua P316.

- Ssssssssi, tu ne feras pas long feu ici, si tu ne te trouves ni refuge ni aide.

En entendant cela, il avait regardé autour de lui. La multitude de dragons verts constituait sans contexte une protection efficace. Mais contre qui se protéger ?

- Ssssssssi, je sais ce que tu penses, mais crois-moi les choses ne sont pas si sûres. Tu sais comme moi que deux autres dragons sont là aussi. Ssssssssi, ils se sont installés tous les deux plus au nord. L'un est dans une ancienne cité dont la végétation n'a pas totalement envahi les structures existantes. L'autre est encore plus au nord. A la limite des glaces éternelles. Visiblement il s'y plaît.

- Je suppose qu'ils ne sont pas seuls.

- Ssssssssi, je les ai chassés, ce sont deux mâles.

A ces mots,  le grand dragon regarda ave une certaine insistance P316.

- Ssssssssi, ils sont partis mais quelques femelles, mes filles, sont avec eux. Je n'ai pas pu les en empêcher. Il y a longtemps de cela maintenant. Ils ont tous deux fondé une petite colonie.

- Représentent-ils un danger eux aussi ? demanda P316.

- Ssssssssi, oui.

Le dragon vert n'avait pas relevé le « aussi » de P316.

- Ssssssssi, car de temps en temps nous recevons la visite de certains d'entre eux. Je crois, qu'ils ont développé une certaine haine envers moi.

Entendant cela, P316 crut distinguer dans la voix et l'attitude du dragon une forme de fierté ou de satisfaction.

- Ssssssssi,  je ne les crains pas, mais leur fourberie est grande et nous ne sommes jamais à l'abri. Ssssssssi, c'est pour cela que tu dois te trouver un endroit sûr. En hauteur de préférence, cela laisse le temps de voir venir les choses.

P316 réfléchissait, il n'avait nullement envie de quitter ses amis, mais il allait prendre en compte ces informations, et les partager avec les humains.

- Sssssssi, je t'ai averti, je vois bien que ton intention n'est pas de rester avec moi, ni je pense te construire une colonie, n'est-ce pas ?

- Je ne sais pas. Dans l'immédiat, je compte retourner voir mes amis.

- Sssssssi, les proies.

P316 ne releva pas. D'un regard il sollicita la fin de la discussion.

- Sssssssi, bien, je t'aurais prévenu. Je vais de mon côté rappeler les miens et vous laisser tranquille toi et les proies… enfin, pour quelque temps.

Au loin, le troupeau s'était dispersé. Une dizaine de dragons prirent leur envol. P316 se doutait de la suite des évènements. Les dragons étaient de grands prédateurs. Il préférait que ces derniers s'intéressent à des vaches, plutôt qu'à ses amis ou à lui-même.

- Sssssssi, pars, avant qu'une autre idée ne me vienne.

P316 s'envola lui aussi, mais dans la direction opposée.

Il contourna le grand promontoire laissant derrière son dos écailleux la vallée en contrebas. Devant lui, se succédaient forêts et petites clairières. Il ne tarderait pas à retrouver Anatole et les autres.

# L'impasse

Plusieurs mois passèrent. P316 venait de finir de s'entretenir avec Médine et Ochi et Anatole ne tarderait pas à les rejoindre une fois finie sa corvée énergétique. Depuis que le module principal d'auto-alimentation avait rendu l'âme, ils n'avaient eu aucune autre solution que de se chauffer au bois pour leur repas pris à l'extérieur de la navette ! Jamais cela ne serait venu à l'esprit d'Anatole de faire une telle chose. Se chauffer au bois. Le feu crépitait déjà, le feu fascinait les hommes installés tout autour. C'était le cas depuis la nuit des temps. Pour Clara, les nuits devenaient difficiles, car cela faisait très longtemps que sa combinaison de Orlo avait été remplacée par des vêtements humains qui, bien qu'assez confortables, ne permettaient pas de remplir les différentes fonctions qu'un Orlo pouvait attendre de ses habits. Ochi s'adressa à tous.

- Nous devrions, si les dragons continuent à nous laisser tranquilles, aller visiter les zones que j'ai identifiées. J'ai fait des observations précises. Les cités sont détruites pour la plupart, mais il est probable que nous trouvions des choses plus utiles qu'au Centre, enfin pour nous.

- Oui Ochi, tu as probablement raison, répondit

213

Anatole.

- Partirions-nous tous ? renchérit Médine qui venait de prendre part à la discussion entre Ochi et Anatole.

P316, lui, était plus en retrait, loin du feu. La pénombre le dissimulait, mais sa présence était ressentie de tous. Un plan se mettait en place, un groupe plus important que le précédent allait partir dans deux jours pour s'aventurer loin de la navette. Ils avaient prévu de visiter plusieurs sites. P316 regardait en direction de la falaise où les dragons verts étaient présents quelques jours avant. Ils étaient partis. P316 se leva et s'envola. La nuit n'était pas complètement tombée. Le soleil rouge au loin rappelait à qui voulait l'entendre qu'il reviendrait. La faible lueur du soleil donnait des reflets particuliers au petit dragon. Du brun, il était maintenant d'un cramoisi soutenu. P316 planait plus qu'il ne volait. Il allait en direction du promontoire sans savoir vraiment pourquoi. L'endroit était agréable tout simplement.

Plusieurs excursions se succédèrent. A chaque fois, ce fut soit déconcertant soit décourageant. Ils ne rencontrèrent que rarement des dragons et c'était la seule bonne nouvelle. Ils formèrent ensuite trois groupes distincts, ils espéraient augmenter ainsi leur chance de découvrir quelque chose de vraiment intéressant, notamment dans les sous-sols et les zones de clonage des ORLOs. Des objets pouvant encore servir, des appareils pouvant correspondre à leur technologie portative. Mais, malgré ces efforts, le bilan était décevant. Médine avait bien récupéré quelques objets qui amélioraient un peu le confort de vie, mais ce n'était pas ce qu'ils recherchaient.

Les semaines s'enchaînèrent. La navette restait pour sa plus grande partie fonctionnelle. Le bloc biomédical assurait sa fonction. Les blessures et tout autre problème de santé ne constituaient pas de problème majeur. Seule une attaque de dragons avait provoqué la disparition de deux d'entre eux. L'attaque avait été soudaine, les deux personnes qui périrent avaient été surprises loin de leur véhicule de protection et n'avaient pu trouver aucun refuge. L'arrêt des communications avait été l'annonce de leur décès.

Les mois devinrent des années. Anatole, plus par curiosité que par conviction, continuait ses explorations et suivait les traces indiquées par les sondes qui remplissaient consciencieusement leur fonction. Clara, elle, avait décidé de ne plus participer à ces déplacements pour le moment. Elle semblait fatiguée. Anatole avait abondé dans son sens. Si Clara devait rester sur place, ils s'étaient promis de rester en contact afin de s'échanger de leurs nouvelles le plus souvent possible.

Maintenant, le gros de la troupe restait à proximité de la navette. Ils avaient aménagé les environs afin de rendre l'endroit agréable. La culture de certaines céréales avaient été entreprise, ainsi que l'élevage raisonné qui convenait à leur propre consommation. P316 en profitait également occasionnellement.

Une naissance avait constitué le seul événement important. Les ressources étaient suffisamment importantes, et les joies de la nature apportaient à tous un réel plaisir de vivre. P316 pensait encore régulièrement aux autres Orlos qu'il avait connus. Eux aussi savaient cultiver les joies d'une vie en harmonie avec leur environnement. Ils étaient devenus des maîtres dans ce domaine. Il retrouva à travers Clara une partie de cette philosophie de l'art de vivre. P316 coulait des jours plutôt heureux. Il n'avait jamais été tenté de retrouver les autres dragons. Il n'avait d'ailleurs reçu aucune nouvelle de la grande verte. Les années passaient et les hommes, Clara et P316 vivaient en harmonie.

# Un visiteur inattendu

P316 savait que son heure était arrivée. Les dragons quelque part décident du moment où ils sont prêts à mourir, quel que soit leur âge. Cela fait partie du patrimoine génétique. P316 choisit un endroit idéal, un promontoire d'où il pourrait observer le soleil se coucher. Les dragons n'attachent pas de raison particulière à la luminosité qu'apporte la Lune. Par contre, les couchers de soleil constituent une réelle source d'inspiration propice à la méditation.

Le dragon gravissait maintenant le petit monticule herbeux qui donnait accès à pied à l'endroit qu'il avait choisi. Arrivé au sommet, le soleil était à peine descendu sur l'horizon. Le silence régnait, le vent s'entendait à peine. Les hommes loin en dessous vaquaient encore à leurs occupations en cette fin de journée. Quand soudain, son esprit ressentit un appel familier, pas celui d'un dragon, mais celui d'un Orlo ! Pourtant, Clara n'était pas présente et avait cessé ce type de communication depuis longtemps avec le dragon. P316 tout en ouvrant son esprit à la moindre information complémentaire tourna la tête dans les quatre directions. Une ombre surgit sur sa gauche en contrebas. La forme au loin lui était familière. Il en ressentit une émotion toute singulière. Un Orlo s'approchait de lui doucement, avec la grâce si particulière à leur espèce.

- P316 je suppose, lui dit mentalement celui qui venait de s'arrêter à quelques pas de lui.

Sans attendre de réponse, le nouveau venu poursuivit :

- Je m'appelle Suffe. Je viens d'assez loin et j'ai plein de choses à te transmettre avant que tu ne partes pour ton long voyage.

En s'approchant, l'Orlo fixa le dragon dans les yeux.

Tout était dit sur les intentions du dragon, Suffe reprit.

- Je ne sais pas si tu te rappelles de moi. J'ai connu la communauté des Orlos que tu as fréquentée il y a maintenant un certain temps. Gus était mon ami.

Le dragon réagit à ce qu'il venait d'entendre. Il répondit avec une certaine émotion dans sa transmission. Le souvenir de Gus l'empêchait d'être parfaitement clair et concis dans sa réponse.

- Tu as connu Gus, il était mon ami aussi.

A ces mots le souvenir d'une envolée à travers les nuages lui revint à l'esprit avec son flot d'émotion. Suffe sourit.

- Je viens d'un Centre situé un peu plus au nord que celui que tu connais bien. Je te connais assez bien grâce à Gus et je suis très heureux de pouvoir enfin te rencontrer. Je ne suis revenu sur Songe que depuis 3 mois. J'ai voyagé moi aussi comme toi à travers l'espace et le temps.

- Je me souviens en effet maintenant de certaines paroles de Gus, dit le dragon. Le déplacement intemporel. L'activation et la programmation des biomatrices. C'est grâce à toi.

- En partie oui, lui répondit Suffe.

- Gus m'a dit que tu avais retrouvé tout ce savoir avant de repartir, mais où ? questionna P316.

- C'est effectivement en partie vrai. J'ai effectué plusieurs déplacements et j'ai enfin pu trouver le moyen de revenir dans une époque convenable pour un Orlo.

Suffe sourit en disant cela. Pour le dragon, voir sourire un Orlo plusieurs fois consécutivement était une première. L'échange dura jusqu'après le coucher du soleil. P316 ne s'attendait pas à voir un Orlo faire apparaître les champs de forces multicolores, prémisses à l'installation du coucher.

- Tu ne vois pas d'inconvénient à ce que je m'installe pour la nuit près de toi ? Venait de lui demander Suffe.

- Bien sûr que non, répondu P316.

Quelques panneaux d'un bleu pastel translucide se disposèrent autour de l'Orlo. D'autres petites surfaces apparurent formant des cercles concentriques harmonieux. Tout ceci rappela au dragon une époque révolue mais pleine de joie. Clara n'avait pas retrouvé cette technologie ou elle ne le souhaitait pas ! Le dragon s'installa lui aussi. Non, ce ne serait pas la fin pour lui, pas maintenant.

Les jours qui suivirent furent riches en évènements et rencontres. P316 présenta Suffe à ses amis humains. Les retrouvailles de Suffe et de Clara furent un moment fort. Il émanait de leur rencontre quelque chose de particulier propre aux Orlos. Ce fut pour Clara aussi l'occasion de retrouver sa condition d'Orlo. P316 resta à l'écart de leur échange. Mais il savait que cela affecterait Clara définitivement, après toutes ces dernières années vécues avec les hommes. Anatole lui aussi fut ému de rencontrer Suffe. La communauté entière réagit positivement à la venue d'un des congénères de Clara. Suffe apprécia ces hommes et ces femmes, qui semblaient si paisibles.

C'est au cours d'une de leurs soirées d'échanges que Suffe donna de plus amples informations sur sa venue. L'Orlo, après son escapade sur la Lune, avait su réactiver une petite navette de secours qui l'avait ramené sur Terre. De là, il avait parcouru en plusieurs étapes la distance qui le séparait de ses amis Orlos. Gus l'avait accueilli avec une joie incommensurable. Cependant, Suffe n'en était pas resté là comme il l'avait prévu, il était reparti après quelques mois vers les étoiles. Suffe voulait découvrir s'il était possible de revenir à l'âge des hommes ! Ce voyage vers le passé, considéré comme inconcevable par la théorie, était rendu possible si la conjoncture entre une gravité quasiment nulle et une expansion de l'espace-temps particulière engendrait un écoulement du temps bien supérieur à ce qu'il connaissait. Suffe, Gracile et même Gus avaient étudié toutes les possibilités à l'aide des calculateurs du Centre. Ils découvrirent effectivement un endroit proche du trou noir central de la galaxie. La singularité était telle que le temps se déroulait des milliers de fois plus rapidement que sur Terre. Malheureusement pour Suffe, les biomatrices furent incapables d'entrevoir un déplacement organique. Aucune planète d'accueil, rien qui puisse permettre un voyage intemporel. De plus, les équations restaient incomplètes. Ils ne purent obtenir que des ébauches de transfert d'information quantique, des images tout au plus, sans aucune maîtrise sur les destinations. Par ricochet, il leur sembla que ces informations parcouraient des distances importantes dans toutes les directions. Finalement, Suffe repartit vers un endroit plus sûr, d'où il pourrait entrevoir un retour sur Terre. La Lune lui avait offert cette possibilité une fois, puis une seconde fois. P316, lui aussi, prit le temps d'évoquer les tentatives qu'il avait effectuées avec Gus avant de rejoindre Rénata.

Après les quelques mois qui suivirent ces évocations, Suffe semblait toujours curieux d'explorer des horizons nouveaux. Cette caractéristique le différenciait radicalement de ses congénères. Ainsi, il partit seul un matin vers d'autres Centres qu'il avait découverts ou qu'il connaissait déjà. Clara lui fit ses adieux ce jour-là. Elle savait que Suffe s'en allait pour une longue période. Elle tourna le dos quand Suffe disparut dans la brume matinale au loin, et alla rejoindre l'homme de sa vie encore endormi.

# EPILOGUE

Brigitte regardait par le grand hublot le paysage défiler. Devant elle les couleurs se succédaient. Ils traversaient un nuage gazeux fortement ionisé. Les couleurs vives laissaient place à d'autres plus légères. Les bleus sombres violacés étaient particulièrement beaux. Brigitte regardait mais sa pensée était ailleurs. Cela faisait exactement quatre rotations. Quatre rotations et quatre passages au plus proche de la Terre. Ils étaient arrivés à l'endroit même où ce tunnel les avait happés sans qu'ils puissent rien faire. Sur Terre, 28000 années s'étaient écoulées. Anatole, Clara, Suffe, Médine, Ochi et les autres n'étaient probablement plus de ce monde. Une petite main prit la sienne, Brigitte sourit sans même regarder la petite fille qui lui glissait sa main dans la sienne.

- Alors ma chérie, as-tu fini de goûter ?

- Oui, mamie.

- C'était bon ?

- Ricardo a fait des cakes chocolat pistache.

- Hum, ça devait être bon.

Brigitte regarda sa petite-fille avec un grand sourire. Ni le chocolat ni les pistaches ne poussaient sur Renata. Les chimistes et les cuisiniers faisaient des miracles, vraiment. Les dernières volutes de nuages passèrent, emportant avec eux le défilé de couleur laissant place à la noirceur de l'espace. Brigitte allait assister à une conférence en tant que conseillère. La bio coévolution restait un de ses hobbies, et puis revoir ses anciens élèves lui procurait toujours une certaine satisfaction. Elle ne devait pas tarder maintenant, car elle avait à traverser les six couloirs trans-serre, et ensuite emprunter le long corridor des collections végétales. Un des plus importants trésors à bord du Rénata.

Les hommes eux avaient terminé leur court séjour sur leur planète natale. D'autres espèces apparaissaient tandis que d'autres disparaissaient. Les hommes avaient tout de même laissé encore beaucoup de traces de leur passage. Certaines cités bien qu'en état de ruines trahissaient leurs présence passée. Il faudrait encore probablement longtemps avant que toute marque de l'humanité disparaisse sur Terre. Les dragons dominaient ce monde. Ces prédateurs s'étaient hissés en haut de l'échelle. Les conflits et les limites en ressource alimentaire constituaient des éléments régulateurs. Eux aussi finiraient par disparaître un jour.

L'espèce humaine avait-elle définitivement disparu ? Ou était-elle réduite à tourner dans l'espace et à revenir vers la Terre tous les 7000 ans ! Non, deux colonies avaient réussi à échapper à la catastrophe sanitaire responsable de la quasi-disparition de l'homme. Kuiper leur avait fourni un isolement salutaire. A partir de là, ils avaient exploré les territoires proches et trouvé dans la galaxie d'Andromède un monde habitable. Un jour, vraisemblablement, ils retourneraient sur leur planète d'origine.

Sur Terre, un autre espoir pour les hommes et pour les Orlos était né. Clara avait donné naissance à une fille dont Anatole était le père. Cette compatibilité entre les hommes et les Orlos leur permirent de poursuivre leur aventure sur Terre. Suffe avait également retrouvé le savoir-faire du clonage, ce qui contribua grandement au brassage génétique. Cette nouvelle espèce devrait trouver sa place sur Terre aux côtés des dragons.

Cette fois-ci, P316 savait qu'il regardait pour la dernière fois le ciel étoilé. Un beau coucher de soleil, la queue repliée le long de son flanc, les deux pattes antérieures croisées, ainsi dans sa position favorite. Il avait bien vécu. Les souvenirs défilaient dans son esprit. Une pensée toute particulière pour Gus lui apporta un dernier réconfort.

## Appendice I - Les hommes de Kuiper

Dans P316, il est mentionné que c'est vers 2050-65 que l'exploration spatiale connut un bond en avant important. Plusieurs convois partirent vers des zones habitables du système solaire. La Lune, Europe mais aussi Mars étaient des lieux de prédilection. D'autres colonies s'installèrent plus loin, au sein de la ceinture de Kuiper.

A cette époque les hommes avaient réglé pas mal de problème et vivaient plutôt armonieusement. Ce « bien vivre ensemble » était une condition nécessaire au développement des sciences et à la conquête spatiale à grande échelle. Les bases Kuiper I et Kuiper II furent installées relativement rapidement. Les deux bases étaient proches l'une de l'autre et gravitaient un peu à l'écart du plus important amas de roche de la ceinture de Kuiper. Sur Kuiper II, la biologie et plus généralement les sciences du vivant constituaient une activité importante. La logistique nécessaire à la vie des deux colonies était gérée sur Kuiper II. Sur Kuiper I, la priorité était donnée aux sciences physiques et plus particulièrement aux questions liées au déplacement spatial.

Au moment des évènements qui conduiraient à l'extinction massive de l'humanité sur Terre, plus de 200 000 individus résidaient sur les deux bases. Pour des raisons encore mal comprises, l'ensemble de la population de Kuiper I et II fut épargnée par la catastrophe, contrairement à la plupart des autres colonies. Un plan fut instauré pour sauvegarder l'humanité : Kuiper II devrait travailler à une solution pour réinvestir la Terre en proie au désastre, tandis que Kuiper I s'attellerait à développer le voyage à travers les étoiles.

Il fut décidé que la colonie établie sur Kuiper I et II serait scindée en trois groupes. Le premier groupe resterait sur place, sur Kuiper II, et devrait trouver une solution au désastre qui se déroulait sur Terre. Sur Kuiper I, seul un petit groupe assurerait le gardiennage de la base et quelques activités mineures. Un autre groupe, plus important, prendrait le chemin de l'espace au sein de la voie lactée, en direction d'Andromède (M31). Cette galaxie (bien répertoriée) renfermait plusieurs mondes identifiés par les exo-biologistes comme pouvant accueillir l'espèce humaine. Le choix de cette destination était lié à la relative proximité de cette galaxie. Enfin, une partie des voyageurs de l'espace que constituait ce troisième groupe utiliserait d'autres vaisseaux pour l'exploration de la voie lactée, à la recherche d'autres refuges pour les hommes.

Une des difficultés résidait évidemment dans les distances à parcourir qui semblaient incompatibles avec la durée de l'existence humaine. Andromède, pourtant une des galaxies les plus proches, nécessiterait un voyage de 2,5 millions d'années à la vitesse de la lumière (une seconde-lumière suffit à rejoindre la Lune de la Terre). Les sciences et les technologies spatiales sur Kuiper I se développèrent de façon exponentielle sur plusieurs centaines d'années, avec pour seul objectif de permettre ces voyages au long cours. C'est finalement en 2502 que l'homme envoya plusieurs vaisseaux vers la constellation d'Andromède. Pendant ce temps, sur Kuiper II les ingénieurs finalisèrent les ORLOs (Original Rescue Limited Organisms).

La problématique de la longue distance était double. Premièrement, comment parvenir à une très grande vitesse, proche de celle de la lumière de 300 000 km/sec ? Quel matériau pourrait résister à une telle vitesse et surtout à l'accélération nécessaire pour l'atteindre ? Comment se comporterait l'organisme vivant (notamment l'homme) à l'intérieur de tels vaisseaux ? Deuxièmement, le temps ! Comment s'affranchir d'une durée de voyage de plusieurs millions d'années-lumière, quand il a fallu deux millions d'années (terrestres) pour que l'homme foule le sol terrestre. De plus, de nombreuses questions et inconnues s'ajoutaient au tableau, comme comment éviter les objets et les obstacles pouvant se dresser sur leur passage ; le problème de renouvellement énergétique…

Kuiper se développait et la Terre fut mise à contribution en termes de puissance de calcul. En plus des capacités de Kuiper I, un tiers de la puissance de calcul de la Terre s'acharnait à trouver des réponses satisfaisantes. Le développement de l'intelligence artificielle et plusieurs générations de matrices (bio-matrices*) permirent de proposer des solutions.

Le choix des matériaux fut finalement le problème le plus « simple » à régler en laboratoire. Le temps passé à parcourir de grandes distances et la durée de vie des organismes qui seraient du voyage était un tout autre problème. La solution surgit de la combinaison de deux stratégies : la cryoconservation et la modification de l'espace-temps. La première technologie permit de mettre en sommeil et ainsi « d'économiser » les organismes sur de longues périodes. La deuxième stratégie devint envisageable avec la mise au point par les ingénieurs de la centrifugeuse quantique. En accélérant de manière phénoménale des particules lourdes, cette centrifugeuse était capable de générer un champ gravitationnel suffisamment important pour déformer localement l'espace-temps. Cela revenait pratiquement à flirter avec un trou noir super massif. L'astuce résidait dans l'utilisation de muons modifiés, des particules massiques chargées. Ces particules pouvaient ainsi être confinées en tapissant l'intérieur de la machine avec des particules de charge opposée. La miniaturisation poussée à l'extrême de cette technologie permit de concevoir des vaisseaux spatiaux intégrant à leur bord de grandes salles de cryoconservation avec un temps local contrôlé. Ainsi le temps passerait artificiellement plus lentement pour les voyageurs.

Malgré ces deux dispositions, le temps requis pour parcourir ces distances si grandes s'avérait toujours rédhibitoire. Les techniques de propulsion avaient fait d'immenses progrès et on pouvait désormais approcher la vitesse de la lumière avec la propulsion neutronique combinée aux impulsions liées aux lasers de dernière génération. Mais cela restait insuffisant.

Les premiers essais de déplacement spatio-temporel Basé** virent le jour vers les années 2400. Il s'agissait de réaliser des déplacements d'information quantique sur des distances de plus en plus grandes. Le plus difficile pour les calculs au sein des matrices était de prédire le point précis (point B), où l'information quantique pouvait se structurer à partir des informations transmises depuis le point de départ (A). En laboratoire, lorsque l'on pouvait contrôler les évènements au point A et au point B, la « téléportation » était possible sur des distances devenues intéressantes (plusieurs milliers de kilomètres). Mais, envisager un déplacement vers un point où l'homme n'avait pas encore mis les pieds était un tout autre problème. Comment alors accueillir et structurer les données transmises au point B ? Pour rendre possible le déplacement quantique spatio-temporel vers les planètes les plus proches, celles-ci furent analysées par une multitude de sondes. La transmission quantique par laser permettait alors de structurer l'information en un point très localisé. Ce déplacement de l'information était réalisé en deux phases principales : d'abord opérer une sorte de synchronisation entre la matière inorganique du point de destination et le point de départ ; ensuite réaliser le déplacement en tant que tel. La première phase consistait ainsi à structurer la matière du point de destination sur quelques nanomètres de diamètre seulement. Les spins des molécules présentes étaient orientés et fixés strictement à l'identique du point A, puis des milliers de pulses laser permettaient d'apparier progressivement les deux sites, créant une sorte de tunnel quantique. Il ne restait plus alors qu'à faire transiter l'information organique - et entre autres les bio-matrices de base conçue pour ce mode de transport – par ce tunnel.

Les essais entre la Terre et Europe furent couronnés de succès. Les matrices étaient désormais capables d'intégrer les données atomiques et moléculaires nécessaires aux déplacements quantiques, en fonction de la disponibilité sur place des ingrédients de base comme les métaux rares et les composants essentiels aux molécules organiques comme l'azote, le carbone et l'oxygène. Dans le cas d'Europe, comme attendu, les matrices procédaient par étapes, fournissant séquentiellement des informations aboutissant à la mise en place de molécules plus complexes. Des briques simples élaborées en un point sur Europe étaient ensuite agencées en éléments biologiques plus complexes jusqu'à reconstituer à l'identique le modèle présent au point A. L'annihilation au point de départ (A) permettait de finaliser le transport vers le point B.

Puis les déplacements furent réalisés entre le point A situé sur Terre, un point B sur Europe puis un point C sur la lune (base *Xu Zhimo*). Des organismes et du matériel de complexité croissante furent ainsi "déplacés".

Enfin vint le jour – sur Terre, c'était un jour de printemps – où on considéra que le voyage par déplacement spatio-temporel quantique était envisageable. Tous les lieux présentant les composantes moléculaires nécessaires pour synthétiser les matériaux et organismes à transporter devenaient accessibles dans un temps acceptable. L'information quantique ainsi transportée était finalement applicable à de nombreux mondes au sein de la voie lactée. Les matrices calculèrent plusieurs options de trajet. L'homme envoya des sondes primaires dans l'espace puis très rapidement des sondes par déplacement quantique et enfin transférèrent tout ce que nécessitait le déplacement spatio-temporel quantique. Pendant plus d'une cinquantaine d'années, de nombreuses bio-matrices à forte capacité de transfert d'information dédiées à ce type de transport furent ainsi installées sur la Lune, Europe, Kuiper et la plupart des mondes « solides » les plus proches. Des distances de quelques années-lumière furent atteintes. Mais certains déplacements furent aussi refusés par les matrices. Les mondes arides où la diversité moléculaire faisait défaut, ou présentant des conditions extrêmes furent exclus des cartes de voyages.

Toute cette connaissance fut transmise aux générations suivantes sur Terre et sur Kuiper I. Certaines colonies en profitèrent également.

C'est ainsi que, au bout de 500 ans, une grande partie des habitants des bases Kuiper partirent en direction de la voie lactée et d'Andromède.

Sur Kuiper II, les chercheurs n'étaient pas restés inactifs, une solution devant être apportée au désastre qui avait eu lieu sur Terre.

La bio-ingénierie et la médecine s'étaient également développées de façon exponentielle grâce aux matrices. Des cellules totalement artificielles furent créées en incubateur, puis des organismes plus évolués furent élaborés. C'est ainsi que les ORLOs furent proposés comme solution alternative à l'espèce humaine.

*les matrices ou bio matrices mentionné dans « P316 » sont des réceptacles à intelligence artificielle. Elles sont élaborée à partir d'éléments organiques simples (structure lipidique et glycosidique pouvant s'auto régénérer, et accumuler les informations issus de leur propre calcule par réarrangement moléculaire). Le développement de telles matrices fut étroitement lié aux capteurs associés. Ainsi différentes matrices avec des spécificités particulières furent mise en place et « absorbèrent » l'information disponible. Des matrices impliquées dans les sciences mathématique et physiques en passant par les matrices dédiées à la biologiques apportèrent des connaissances insoupçonnées aux hommes.

**Dans P316 au chapitre singularité, les Orlos évoquent la technologie liée au déplacement temporel ; la singularité. Suffe a pu tester cette technologie mise en place par les hommes vers les années 2450. C'est grâce à Suffe que P316 pourra accéder à cette technologie disponible dans deux centres actifs. La compréhension et la mise en route des matrices seront transmises à Gus. Un des centres sera visité par P316 et Gus à l'Age des Orlos.

## Appendice II - Suffe

*Suffe est un ORLO, (Original Rescue Limited Organisms créés par l'homme). Depuis que l'âge des dragons est venu, Suffe est et sera encore présent et actif pendant plusieurs centaines d'années (voir P316 épilogue). Suffe va revenir sur la Lune durant cette période en empruntant encore une fois le déplacement spatio-temporel qu'il maitrise suffisamment bien... Il va contribuer au devenir de l'homme par son savoir-faire et sa curiosité.*

Sur la base *Xu Zhimo*, le silence régnait en maitre. Les couloirs étaient plongés dans l'obscurité. Les éclairages artificiels étaient en sommeil depuis longtemps ou bien ne fonctionnaient plus. Seul le soleil apportait par endroit, à travers les baies vitrées, un éclairage permettant à l'ORLO de s'orienter. Suffe se déplaçait doucement et prenait le temps de regarder ce qui, il y a plusieurs milliers d'années, était un lieu de vie intense où régnait une activité humaine importante. Suffe se dirigeait vers la salle du centre de contrôle de la base lunaire.

La porte était grande ouverte. Suffe se rappelait l'avoir

ouverte, il y a de cela plusieurs centaines d'années. Depuis, il avait endossé de nombreux corps. La salle était baignée d'une lumière blanche de faible intensité mais qui laissait entrevoir la totalité de la pièce. A travers la grande vitre, Suffe pouvait distinguer les deux bâtiments en arc de cercle qui délimitaient la zone d'atterrissage. Dehors, aucun bruit, pas de vent, rien ne bougeait plus. Pour Suffe, la vie sur Terre contrastait et lui manquait déjà.

Suffe avança jusqu'au siège de commande, là où il avait lors de sa visite précédente trouvé les restes d'un homme. Ceux-ci n'étaient plus maintenant qu'un amas grossier dans lequel seuls des fragments de combinaison étaient encore discernables. Le temps et l'oxygène résiduel dans la pièce avaient fait leur œuvre. Suffe identifia le module d'enregistrement. Il s'installa sur le siège situé à droite du premier, en face de la baie vitrée. Suffe tendit son bras gauche et déplia ses six doigts. Il toucha un petit écran. L'écran réagit, s'alluma et clignota dans l'attente d'une commande.

Suffe s'apprêtait à ouvrir la bouche, quand un écran de contrôle se mit à scintiller.

`Monitor opérationnel`

*"Enregistrement possible ?"*

Monitor opérationnel

Suffe se cala confortablement dans son siège. Il avait pris la décision de consigner sa vie et de laisser ainsi une trace de son passage. Pourquoi ? Pour qui ? Peu importe. Il savait qu'il allait vraisemblablement prononcer plus de mots devant cet écran que durant sa vie d'ORLO**toute entière.

*« Bonjour, je me nomme Suffe…enfin, c'est mon nom depuis un certain nombre d'années… mon nom d'origine est Sanchez. Sanchez Garcia. Avant d'être conçu en tant qu'ORLO, je travaillais dans le domaine du transport ferroviaire. J'ai opéré, la plupart du temps, sur Songe\* en Amérique latine, surtout au Pérou.*

*Le programme ORLO fut mis à exécution lorsque l'extinction humaine devint massive. Cela s'est déroulé en plusieurs phases. Tous d'abord un petit groupe d'ORLO fut « activé », plusieurs dizaines je crois. Ces réceptacles permirent aux hommes de sécuriser leur « descendance ». Puis les « Premiers » furent partie de la deuxième vague. Je fais partie des Premiers.*

La solution des ORLOs a été proposée par un consortium comprenant principalement des Terriens et des colons de la base de Kuiper. Les organismes totalement générés in vitro apparaissaient comme la seule approche possible. La race humaine était en train de disparaître et il s'en fallait d'une ou deux générations qu'elle ne s'éteigne complètement.

Je ne suis pas sûr de vouloir m'étendre sur la genèse des ORLOs, j'y reviendrai peut être... mais les « Premiers » sont une autre affaire. Ils étiaint une douzaine à être choisis. Je n'ai toujours pas compris comment ce choix a été fait. Je pense aléatoirement. Mais ces douze personnes furent prises en charge par un protocole visant à intégrer le plus possible de particularités individuelles dans les ORLOs, chose impossible à l'époque pour un transfert à plus large échelle. Parallèlement aux Premiers, deux à trois mille ORLOs, dont je fais partie, furent générés et autant de copies réceptacles pour leur premier clonage. La seconde génération d'ORLOs serait ainsi assurée pour cette deuxième vague dont les Premier constituaient un petit groupe si particulier. Le critère biologique et la diversité du genre humain furent une priorité pour ce qui concerne les ORLOs et notamment les Premiers. La capacité cognitive et le vécu « mémoire physiologique » furent également pris en considération. De cette époque je n'ai plus vraiment de souvenir, je me rappelle simplement de la grisaille du ciel d'Ecosse, de grandes salles où défilaient de nombreuses personnes et de la cérémonie funéraire du 14 mai 2566 qui s'est déroulée à Edimbourg. Ce jour-là le dernier homme fut incinéré.

A cette période, nous étions déjà répartis sur les cinq continents, à proximité des zones de clonage. Celles-ci étaient situées en sous-sol à plusieurs dizaines de mètres sous terre afin de limiter en partie l'impact du rayonnement cosmique. Vingt-sept bases furent installées, avec tout l'équipement nécessaire pour les clonages successifs.

Le clonage, en quelques mots, est la seule possibilité pour les ORLOs de se reproduire. Sauf pour les Premiers, mais j'aborderai cela plus tard. Nous vivons entre 100 et 300 ans. Vers la fin de notre existence, des signes annonciateurs nous incitent au clonage. Le terme n'est en fait pas très approprié, car cela consiste plutôt à récupérer nos données physiologiques et personnelles au sein d'une bio-matrice\*\*\* et à les replacer dans une nouvelle entité. Le transfert des données physiologiques est assez efficace, néanmoins certains apprentissages sont nécessaires après le transfert. Pour les Premiers, le clonage est sensiblement effectué de la même façon, mais nous avons gardé la possibilité d'une reproduction sexuelle.

Deux couples d'ORLOs ont ainsi pu se reproduire sexuellement... et puis il y a aussi Clara et Anatole mais c'est une toute autre histoire.

En ce qui me concerne, je me suis recyclé déjà plusieurs fois.... Je ne suis pas sûr, mais je pense que j'ai dû effectuer plus de 50 clonages ou régénérations si vous préférez. Depuis mon premier transfert, en temps calculé sur Songe, il s'est passé environ 14000 ans. Qu'importe. Je me suis focalisé dans la zone 16. Cette zone est la plus proche de notre cité, « Rose de mai ».

Ce qu'il faut savoir c'est que, contrairement aux hommes, nous avons choisi une autre façon de vivre. Cette décision a été prise quelques dizaines d'années après leur disparition, à la suite d'une réunion entre les autorités des différentes colonies ORLOs. Ce fut, de fait, la seule *réunion qui regroupa tous les représentants des ORLOs installés aux quatre coins du monde. Le choix de mettre de côté la science et la technologie sembla évident pour la plupart d'entre nous. Nous souhaitions vivre en harmonie avec la nature. Ce choix impliquait d'intervenir le moins possible sur notre environnement. Seules les zones de clonage seraient préservées et entretenues. C'était vital pour nous. Toutes les technologies acquises devraient être les plus discrètes possibles. Nous n'avions pas l'intention de renoncer aux avancées scientifiques et à tout le bien être que cela nous procurait. Non, il s'agissait de les intégrer harmonieusement dans notre façon de vivre. Tous optèrent pour ce comportement.*

*Il y avait aussi les centres, séparés des zones de clonage. Il s'agissait de structures situées à la surface de la terre contrairement aux zones de clonage. Deux centres étaient restés opérationnels. J'ai pendant plusieurs années fréquenté l'un de ces centres dont les matrices étaient spécialisées dans la communication et le déplacement. Pour moi il était important de garder ce savoir. Tous les ORLOs ne partagèrent pas mon idée à cette époque. Qu'importe, j'ai pu appréhender ce que les hommes avaient su préserver. Le transport spatio-temporel me fascinait tout particulièrement. J'ai ainsi retrouvé le moyen de voyager.*

*Mon premier déplacement fut sur Mars. Cette planète avait été colonisée par les hommes et trois implantations avaient vu le jour. Malheureusement, aucun homme ne survécut dans aucune d'elles. Mais j'y ai trouvé tout ce qu'il me fallait pour retourner sur Songe. Puis, j'ai pu visiter Europe, Ganymède et la petite base de Pluton. Mais là encore aucune vie. C'était un peu déprimant. A y réfléchir je n'ai jamais rencontré d'homme vivant depuis leur disparition de Songe, avant... Anatole.*

*J'ai bien tenté d'aller plus loin mais, visiblement les bio-matrices avaient montré leurs propres limites à cette occasion ».*

Suffe marqua un arrêt, il se leva doucement.

Monitor opérationnel, mise en pause demande ? confirmation demandée ? fin de l'enregistrement ?

*« Pause, merci »*

Cela faisait déjà plus d'une heure que l'ORLO s'exprimait. Il avait besoin d'ordonner ses idées. Sa vie était riche d'aventures, de savoir et de rencontres. Suffe se demandait ce qu'il était important ou non de consigner, ses aventures et ses déplacements ou plutôt son ressenti ? Relater ses échanges avec ce dragon si étrange. Ses liens si profonds avec Gus ou les autres « Premiers » ?

Suffe regardait le ciel étoilé. La lumière avait à peine diminué depuis son arrivée. La base lui était presque familière maintenant. Il aimait se retrouver ici, seul. Il goûtait ce moment de solitude avec un profond plaisir. Il était perdu dans ses pensées. L'homme reviendrait-il sur ce satellite de la Terre, dans cette base ? Oui, probablement. Suffe regarda sa main droite. Elle présentait des signes de vieillesse. Un clonage s'imposait. Comme nombre de ses congénères, il avait envisagé d'interrompre le cycle des clonages successifs. Certains en avaient fait le choix. Le nombre des ORLOs avait peu évolué. Sauf à l'époque où les grands verts, ces dragons gigantesques qui avaient pratiquement décimé les siens. Maintenant, les ORLOs ne constituaient plus qu'un petit groupe.

L'avenir de l'homme restait incertain. L'exemple donné par Clara et Anatole ferait peut-être de nombreux émules.

Suffe se retourna vers le siège. Il s'assit et dit à haute voix.

« *Enregistrement disponible* »

L'écran scintilla

```
Monitor      opérationnel,      reprise      de
l' enregistrement ?
```

« *Oui* »

Suffe respira profondément, puis reprit sa narration. Les heures passèrent ainsi. La lumière du soleil, qui éclairait la salle, avait fait place à un éclairage tamisé artificiel.

*Les ORLOs ne s'expriment oralement que dans de rares occasions, ils préfèrent communiquer par le langage non verbal, la gestuelle, ou la conversation « télépathique ». Ce langage sera enseigné à P316 lors de sa venue sur Terre à l'Age des ORLOs, les dragons étant naturellement doués pour cette forme de communication.

**Songe est le nom donné à la Terre par les ORLOs.

***bio-matrice spécifique pour le clonage ayant la capacité d'intégrer et d'adapter les particularités de chaque ORLO pour le transfert. Plusieurs de ces bio-matrices sont présentes dans les centres de clonage installés en sous-sol à quelques dizaines de mètres sous terre.

## Appendice III - Maître Jousa

*Le temps était plutôt grisâtre ce matin-là, la chaussée luisante. Les bords de la Seine étaient peu fréquentés à cette heure. Maître Jousa dut enjamber un petit ruisseau chargé d'immondices pour ne pas se crotter les chausses. Il avançait prestement, car il ne voulait pas être en retard pour la réunion de chantier. En tant que maître bâtisseur il devait être présent. D'autant plus que certains responsables de la cité seraient là eux aussi pour participer à cette deuxième phase du chantier. L'Eglise aussi serait représentée par l'archevêque de Paris en personne. Jousa s'attendait à ce que la journée soit longue, mais il ne s'attendait pas à ce qui arriverait à la fin de celle-ci.*

*Toc, toc*

- Laisse-moi quelques minutes et je t'ouvre.

- Maître, j'ai les bras chargés.

- Bon, je viens de suite.

La porte de l'atelier de maître Jousa s'ouvrit devant une silhouette élancée d'à peine vingt ans, les deux bras entourant une multitude de rouleaux.

- Entre, Jasper, entre, je t'en prie.

- Merci maître, où dois-je poser cela ?

- Là, sur cette table basse au fond. Je l'ai libérée à cet effet.

En disant ces mots, maître Jousa avait pointé son bras en direction du fond de la pièce, face à la porte d'entrée. Le jeune garçon pénétra dans l'atelier qui n'était éclairé que par quelques bougies. En cette fin d'après-midi, la lumière du jour cédait déjà le pas à l'obscurité.

Maître Jousa attendit que le jeune apprenti pose ses rouleaux avant de reprendre la parole.

- Jasper, as-tu bien tout récupéré ?

- Oui, je pense maître.

- Parce que je ne compte pas retourner là-bas. Tous ces changements entrepris par ces capétiens vont nous donner du fil à retordre.

- Maître j'ai bien suivi vos instructions.

- Je n'en doute pas, rassure-toi !

Jasper semblait plutôt nerveux. En fait, il n'avait qu'une envie : sortir d'ici. Avec quelques amis, apprentis eux aussi, ils avaient projeté de faire un tour dans l'île de la Cité pour fouiner vers les nouvelles constructions qui se mettaient en place. Jousa remarqua son impatience, réfléchit deux secondes puis dit :

- Tu peux partir maintenant. Je n'ai plus besoin de toi pour aujourd'hui. Mettre de l'ordre dans tous ces documents va me prendre un certain temps et je compte ensuite m'atteler directement à l'annexe de l'abbaye de St. Germain-des-Prés. La construction doit démarrer l'année prochaine. J'aurai probablement besoin de toi à cette occasion. Passe demain.

- Bien maître.

Jasper n'en dit pas plus, il sortit de l'atelier et disparut dans la petite ruelle obscure.

Maître Jousa s'attela à trier ces parchemins. Certains venaient de Normandie et constituaient un véritable trésor sauvé de la répression de la révolte paysanne. Tous ces plans d'églises et d'abbayes devaient lui fournir l'inspiration dont il avait besoin pour finaliser l'édifice de St. Germain-des-Prés. Dieu jugerait son œuvre.

Maître Jousa ressentait maintenant la fatigue. Cela faisait plus de quatre heures qu'il était penché sur ses documents, intercalant ses propres notes et manuscrits à ceux apportés par son apprenti. Il en avait même oublié de manger. Regrouper ces documents avait nécessité plus de temps que prévu, mais il les avait maintenant en sa possession. Parmi eux, il sortit une demande expresse datant du pontificat de Sergius III concernant la construction d'une église dans le faubourg de Paris. Les plans étaient prodigieusement bien conservés et offraient de nombreux détails exploitables. Il mit de côté ce document précieux. Jousa contempla le sceau papal encore une fois. Il lui revint en mémoire ce qu'il avait entendu de ce pape. Comme son prédécesseur il avait déterré un ancien pape pour le juger, le mutiler à nouveau puis le jeter dans le Tibre après décapitation. L'époque n'était pas de tout repos et il valait mieux ne pas décevoir l'Eglise et se soumettre au jugement de Dieu.

Maître Jousa déplaça une dernière fois deux rouleaux qu'il avait soigneusement annotés puis s'approcha de sa couche située près de la cheminée où une buche finissait de se consumer. Il éteignit les deux bougies situées près de son établi puis celles au-dessus de l'âtre.

Au moment de s'asseoir sur sa couche, Jousa aperçut dans le coin de son champ de vision une lumière. Il se retourna brusquement.

- Qui va là ?

Pas de réponse, devant lui une image floue tremblait.

- Qui va là, prononça Jousa encore une fois. Cette fois-ci sa voix était moins assurée, il sentait la peur s'emparer de lui devant ce phénomène étrange.

L'image devenait plus distincte, une forme de grand lézard se dressait maintenant devant lui, de couleur brune avec des reflets grisâtres et orangés. Ses yeux perçants semblaient le fixer. Jousa hésita entre appeler à l'aide ou s'enfuir. Mais il restait figé debout près de son lit, adossé à la tête de lit sculptée dans un morceau de bois massif. Maintenait il pouvait distinguer deux ailes repliées sur le dos du lézard, foncées et pourvues aux articulations de deux griffes d'une taille impressionnante. Jousa restait pétrifié. Aucun son ne sortait de sa gorge nouée. Devant lui se dressait un dragon. Un monstre venu tout droit de l'enfer pour l'emporter dans les braises.

L'image persista encore dix interminables secondes puis scintilla de nouveau et disparut brusquement.

Le silence était oppressant. Jousa ne bougeait toujours pas. Il regarda ses mains à la lumière de la dernière bougie, l'une après l'autre. Il était encore là. Avait-il rêvé ? Une simple hallucination due à la fatigue ? Non, il avait bien vu cette créature. Ce messager de l'enfer. Que faire ? En parler autour de lui, quitte à passer pour un simple d'esprit, un hérétique, un fou ? Quelle conséquence sur son travail ? Lui, connu comme un individu ayant la tête sur les épaules, croyant et fidèle au message de Dieu. Non, pour l'instant il garderait sa vision pour lui. En cette année 1018, le ciel lui avait envoyé une épreuve.

## Appendice IV - Clara et Anatole à travers les âges

*... à l'âge des hommes*

Une forte odeur de café avait envahi le couloir et pénétré le laboratoire. Il était à peine 7h30 et déjà un petit groupe d'individus occupait les lieux. Deux jeunes thésards échangeaient quelques mots une tasse à la main. Irma finissait de ranger la vaisselle de laboratoire dans le placard situé dans le corridor principal qui séparait les différentes pièces dédiées à la recherche. Le bâtiment était plutôt vétuste. Mais il avait ce charme et l'odeur des anciens bâtiments où l'on pouvait s'attendre à tout moment à croiser sans être surpris un Mr. Louis Pasteur, un Mr. William D. Hamilton ou un Richard Dakins.

Anatole était complètement excité. Il allait accueillir Clara, cette charmante rouquine qui lui avait tourné la tête. Il avait été si heureux quand Clara lui avait donné son accord pour venir rejoindre son équipe de recherche nouvellement créée.

Il prit place dans son fauteuil. Devant lui une pile d'articles de recherche attendait d'être lue. Une autre pile (plus modeste) était constituée de dossiers portant sur ses propres travaux et ceux de son équipe. Deux événements majeurs allaient ponctuer cette semaine : la venue de Clara bien sûr et la présentation d'un projet de recherche au sein du département de biologie appliquée. Anatole voulait développer la génétique combinatoire assistée. Depuis quelques années, avec son tuteur, il avait tissé des liens privilégiés avec le département de bio-informatique. Plusieurs innovations étaient sorties de cette collaboration. L'intelligence artificielle prenait toute son importance. Clara allait, sans aucun doute, être un élément crucial dans cet axe de recherche.

Huit heures. La sonnerie de l'interphone retentit. C'est elle ! Anatole se leva, repoussant vivement son fauteuil en arrière, et se dirigea vers la porte d'entrée sécurisée. Une bouffée de chaleur l'envahissait. Il croisa Irma, et lui adressa un sourire malicieux. La sonnerie se fit entendre de nouveau au moment où Anatole posait sa main sur la poignée de porte. Il ouvrit la porte. Clara était là devant lui, ses cheveux attachés retombant sur son épaule droite. Elle aussi arborait un sourire sincère et plein de promesse. Il la fit entrer et la conduisit vers son bureau tout en présentant la nouvelle recrue aux personnes qu'ils croisaient dans les couloirs. Une fois installés, il proposa à Clara de prendre un café. Elle accepta. Ils discutèrent toute la matinée, sur la biologie, sur leurs travaux de recherche respectifs, mais aussi sur les loisirs, le sport et la montagne.

Midi sonna, déjà ! Ils partirent déjeuner ensemble et reprirent leur discussion une bonne partie de l'après-midi. Clara quitta le laboratoire vers 17 heures. Anatole était aux anges. Il savait déjà que cette nuit serait ponctuée des rêves de plus agréables. Clara de son côté rentra chez l'amie qui l'avait accueillie pour quelques jours. Elle lui raconta sa journée autour d'un verre.

- Et bien t'es bien mordue à ce que je vois

- Je ne sais pas, mais c'est vrai que...

- Allez, il y a pas de mal à être heureuse. Et comme dirait ma brave mère : chacun a droit au bonheur. Et puis si tu peux mêler l'utile et l'agréable vas-y à fond.

- Faut pas s'emballer. On verra bien la suite.

Plusieurs mois passèrent. Anatole avait obtenu son approbation et l'ensemble de ses crédits de recherche. Il avait aussi dit oui aux avances de Clara puis emménagé avec elle dans un petit appartement à quelques rues de leur lieu de travail.

- Alors chérie, contente de pouvoir aller sur la Lune ?

- Oui, merci mon amour de m'offrir la Lune !

Il lui répondit dans un sourire :

- N'oublie pas qu'on y va aussi un peu pour travailler.

- Ne vas pas me gâcher ce plaisir… Où en est-on de la paperasserie ?

- Dans trois mois, si tout va bien, on sera parti. Bruno a confirmé ce matin sa venue.

Anatole leva les yeux vers Clara. Elle était songeuse. Anatole devina ses pensées.

- T'inquiète pas chérie, on trouvera une solution là-haut, on l'aura notre enfant et peut-être plusieurs.

Clara lui retourna un pâle sourire. Après de multiples tentatives infructueuses pour avoir un enfant, ils avaient détecté chez Clara une stérilité liée à un défaut d'ovulation. Ils devaient opter pour la fécondation artificielle. Cette difficulté n'aurait pas posé de problème pour un couple normal sur Terre, mais lorsque l'on prépare un voyage vers la Lune et au-delà…Ils le savaient mais étaient prêts. Ils ne renonceraient pas à avoir un enfant, malgré les difficultés.

La nouvelle tomba quelques jours après leur alunissage sur *Xu Zhimo*. Clara devait non seulement renoncer à toute procréation dans l'immédiat, mais aussi retourner sur Terre pour des soins appropriés et entamer une thérapie appropriée. C'était une épreuve terrible pour eux deux. Anatole avait envisagé de renoncer à son voyage, mais Clara avait insisté pour qu'il parte. Anatole lui promit de revenir le plus vite possible et de lui envoyer des messages le plus souvent possible. Mais cela était un maigre réconfort pour Clara. Les derniers résultats d'analyses médicales ne lui permettaient pas d'envisager le futur avec optimisme. Ils se refusèrent tous les deux à noircir le tableau. La médecine ne faisait- elle pas des miracles ?

Clara prépara son propre retour sur terre, Bruno à ses côtés, tout en suivant les préparatifs d'Anatole et de son équipe.

Trois semaines plus tard.

- Coucou chérie, c'est moi, tu te rappelles, celui que tu as laissé partir dans les cieux.  comment ça va ce matin ?

- Ça va, j'envisage de retourner au labo bientôt. Ils ont pu confirmer l'arrêt de la progression de la tumeur qu'ils ont détecté. Je pense être en bonne voie. Par contre, ce n'est pas gagné pour un enfant... Et toi de ton côté, mon ange.

- Eh bien, on continue de s'installer. Tu sais cela ne fait qu'une semaine que nous avons quitté *Xu Zhimo*. Renata est vraiment un vaisseau incroyable. Je savais qu'ils avaient fait des progrès dans l'ingénierie de l'espace mais là franchement, je suis soufflé.

Clara regardait le visage d'Anatole qui remplissait pratiquement complètement son écran, presque déformé. Ils devaient encore s'adapter à la technologie de télécommunication embarquée à bord de Renata. Clara prit sa tasse de café, un sourire aux lèvres.

- Bon mon amour, je vais retourner vaquer à mes petites affaires terrestres pendant que monsieur découvre l'espace infini.

- Ah, demain si tu veux bien, on se contacte vers 14h, heure locale chez toi. Je dois voir Médine toute la matinée. On va probablement partager les relais informatiques et le serveur du département bio. Enfin. On en reparle demain si tu veux.

- Oui, à demain.

- Bisou.

- Bisou.

La communication s'arrêta comme à chaque fois avec un pincement au cœur pour les deux amants. La communication entre la Terre et Rénata se dégrada quelques semaines plus tard. L'accélération que subit l'astronef rendit les échanges entre Anatole et Clara de plus en plus compliqués, malgré la possibilité de procéder à des enregistrements. Puis le contact fut définitivement rompu. Ils étaient loin de s'imaginer qu'il leur faudrait attendre plusieurs centaines d'années avant de se revoir.

*... à l'âge des ORLOs*

La délicate silhouette de Clara se mouvait ce matin près du grand lac, en contrebas de « Rose de mai ». Il était à peine 6 heures. Clara s'était levée tôt ce matin, elle avait fait disparaitre sa chambre à coucher et la petite table qui avait servi de support à son petit déjeuner. Son vêtement, épousant son corps comme une seconde peau, répondait à la norme ORLO et lui donnait un aspect filiforme exagéré selon les critères de beauté humain. Mais Clara était une « Première » particulièrement bien aboutie. Et, clonage après clonage, elle avait fait en sorte de retrouver quelques rondeurs, absentes chez les ORLOs mais qui avaient plu à

Anatole. Clara était toujours coquette, bien que cet adjectif ait pris pour les ORLOs un tout autre sens. La couleur bleutée pastel lui seyait singulièrement bien. De l'appartement où elle résidait dans la cité ORLO, il ne restait pratiquement plus rien de visible. Seules quelques traces discrètes indiquaient que cet endroit était occupé par un ORLO. Elle avait fait en sorte, comme chaque matin, d'arranger et de faire disparaitre l'inutile pour la journée. Les meubles faits de champs de forces prenaient, une fois mis en repos, la forme de petits cubes translucides de couleurs chatoyantes pratiquement indiscernables au sein de la végétation. Les fougères et les fleurs odorantes retrouvaient alors leur suprématie. Clara était songeuse, elle avait peu dormi. Elle était un peu nerveuse, ce qui était rare pour un ORLO. Elle aurait bien voulu une caresse mentale de la part de Gus, mais il dormait encore. Clara regardait le ciel. Quelque chose la tracassait, sans qu'elle puisse en préciser la cause.

C'est en fin d'après-midi que les grands verts attaquèrent. Malgré la prudence et la réactivité des ORLOs face à cet évènement, nombreuses furent les victimes. Clara, Saphre et Gus accompagnés de P316 organisèrent la sauvegarde de la colonie des ORLOs. « Rose de mai » serait peut-être perdue mais ils sauveraient quelque chose de cet endroit.

Gus et P316 étaient déjà partis vers le Centre selon les recommandations de Saphre quand Clara prit à part son ami.

Les deux ORLOs se connaissaient de longue date. Ils se fixèrent momentanément du regard puis entamèrent une conversation sans émettre le moindre son.

J'ai pris ma décision : je vais rejoindre Gus et le dragon au centre. Ici les protections sont toutes opérationnelles et je ne ressens pas de menace immédiate de la part des autres dragons.

- Pourquoi veux-tu les rejoindre au centre ?

- Je veux savoir si P316 a l'intention d'utiliser la bio-matrice pour rejoindre l'astronef d'où il est venu et quand.

Après un instant de silence, Clara reprit :

- Je voudrais participer au voyage. Je veux savoir si j'ai des chances de retrouver Anatole.

- Je comprends, mais après toutes ces années, y a-t-il un espoir ?

- Oui, je crois qu'il s'agit du vaisseau qui l'a emmené vers les étoiles. J'ai étudié la question. Il est possible que le temps se soit écoulé différemment sur Renata.

- Renata ?

- Oui Renata, c'est le nom du vaisseau. Il y a beaucoup d'inconnues, mais malgré tout, je veux savoir. J'y ai bien réfléchi.

- Je comprends.

Saphre venait de lui adresser une caresse mentale. Pas aussi efficace que celles de Gus, mais cela suffit à faire briller légèrement les yeux de Clara.

- Alors tu seras le deuxième ORLO à faire un voyage intemporel !

- Oui effectivement, Suffe a ouvert la voie.

Les deux ORLOs firent une pause dans leur conversation mentale. Leurs regards se portaient au-delà des collines, en direction du centre.

- Comment comptes-tu te rendre au centre ?

- Je vais prendre des bulles de transport. C'est actuellement le plus sûr moyen de transport. A ces mots, elle frissonna légèrement.

Le voyage extracorporel était proscrit depuis que certains ORLOs avaient péri dans leur fuite suite aux attaques des grands dragons verts. L'enveloppe corporelle des ORLOs étant trop vulnérable malgré leurs surveillances. Clara reprit :

- Je vais changer quelques paramètres pour aller plus vite et me dissimuler au mieux des regards. Je ne voudrais pas tomber dans les griffes de ces créatures.

- As-tu besoin d'aide ?

- Non cela devrait aller, c'est finalement assez simple à faire.

Clara employa l'heure suivante à préparer son voyage. Elle opta pour le modèle le plus compact de bulle de transport. L'engin fut modifié de telle sorte qu'il paraisse d'un vert très pâle laissant la lumière la traverser tout en reflétant les couleurs environnantes. Ainsi Clara pourrait passer quasiment inaperçu. La petite taille de sa bulle lui assurerait également une vélocité plus importante qu'avec les versions plus imposantes. Clara régla les paramètres pour que sa trajectoire soit au plus près du sol, épousant les aspérités du terrain. Après quelques essais, Clara prit congé de ses amis, adressant aussi une attention mentale à tous les ORLOs, puis partit vers le centre. Le voyage durerait deux, voire trois jours. Au centre Gus et P316 l'accueilleraient. Et si tout se passait comme elle le souhaitait, elle reverrait l'amour de sa vie. Elle espérait que son aspect ne rebuterait pas Anatole. A bien y réfléchir, il n'avait certainement jamais vu ni côtoyé d'ORLO.

## ... à l'âge des Dragons

Aucune attaque des Dragons ne s'était produite depuis plusieurs mois. Chacun pouvait de nouveau vaquer à ses activités. Les dragons avaient-ils changé de vie, ou cela n'était-il qu'une trêve ? Clara dans son corps d'ORLO avait pratiquement retrouvé toutes les habitudes de l'humain. Anatole était au petit soin, comme d'habitude. Clara ne participait plus aux différentes excursions mais elle avait en vue le projet de se rendre dans un endroit bien précis pour une raison toute personnelle : un sous-sol avec une zone dédiée au clonage des Premiers. Elle n'avait pas un besoin urgent de se régénérer, mais elle voulait tester quelque chose. Pourquoi pas. Insister auprès des bio-matrices disponibles afin d'évaluer la possibilité de

267

fécondation. Clara profita de la soirée où elle était seule avec Anatole.

- Anatole ?

- Oui, ma chérie ?

- Toujours envie d'avoir un enfant ?

- Anatole leva les sourcils.

- J'ai peut être une solution.

- Ah bon ?

- Oui, je crois vraiment que nous pourrions en avoir.

- Mais chérie, je ne vois pas comment ce serait possible maintenant que…enfin…

Clara lui adressa une caresse mentale, puis s'aperçut immédiatement que cela avait été inutile, elle rectifia son attitude et lui adressa un large sourire.

- J'ai étudié les possibilités de la matrice dédiée au clonage. Comme tu le sais, j'ai gardé et entretenu ma capacité d'une reproduction humaine. Sexuée, je veux dire (sourire coquin). mais je dois pour cela être assistée médicalement.

Anatole l'écoutait et la regardait avec des yeux de plus en plus pétillants.

- Sûre ?

- Oui, mon amour, je pense que c'est possible. je ne t'en aurais pas parlé si je n'avais pas la quasi-certitude que cela pouvait fonctionner.

- Et où doit-on aller, comment doit-on faire ?

- Les zones 16 ou 33, celles où Suffe a l'habitude d'aller sont des zones suffisamment équipées. Il me faudra, par contre, préparer la bio-matrice. Et je dois subir aussi quelques opérations chirurgicales. Mais ne t'inquiète pas, c'est anodin.

Anatole lâcha la main de Clara qu'il avait prise à l'annonce de cette nouvelle et s'assit sur un morceau de bois poli  face à elle.

- Et quand….

- Quand tu veux, tu sais nous n'avons pas de période particulière, contrairement aux femmes "d'avant". Je dois juste « réactiver » mes ovaires. Je suis si excitée !

- Quelle nouvelle !...Clara, le plus tôt sera le mieux ! Je vais demander à P316 de prendre ma place dans l'exploration prévue avec Médine et Ochi. Cela va le dérouiller un peu. Ce gros lézard a tendance à prendre du ventre.

Anatole s'était relevé et embrassait Clara avec tendresse. Sa femme était désormais plus grande que lui, sous sa forme d'ORLO. Cela l'avait fait sourire quand il l'avait reconnu pour la première fois sur Rénata. Ils avaient été obligés de changer un peu leurs habitudes amoureuses, mais cela les avait plutôt stimulés. Anatole et Clara s'étendirent, s'enlaçant et s'embrassant. Ils firent l'amour. Mais cette fois, leur amour s'ouvrait sur la possibilité d'un enfant. Un enfant ! A cet instant, aucun des deux ne songea aux perspectives que cela ouvrait pour « l'humanité ». Non, ils étaient uniquement plongés dans cet instant présent et dans leur bonheur partagé. Un rêve qu'ils avaient en commun depuis si longtemps. Un rêve que Clara attendait depuis plusieurs milliers d'années.

Deux ans après cette discussion pleine d'espoir, Agienta vit le jour. C'était une fille. Elle ressemblait plus à son père qu'à sa mère mais cela n'avait aucune espèce d'importance.

Les ORLOs présents, les hommes et P316 décidèrent d'un commun accord que cette naissance devait être célébrée comme il se doit. Et que le jour de cette naissance serait le point de départ d'un nouveau calendrier, porteur d'espoir.

## Appendice V - L'âge des dragons

*(Transmission télépathique aux autres dragons)*

- Sssssssssssi, Ssssssssi, non mes petits ce n'est ni pour aujourd'hui ni pour demain, il faudra attendre encore un peu. Je ne suis pas prête à vous laisser dévorer ma carcasse. Mes écailles sont encore solides et mes griffes acérées.

Disant cela, le dragon se pencha pour mieux regarder son aile gauche. Elle était dépourvue de sa griffe axiale. Cela datait d'une rixe qui s'était déroulée il y a maintenant plus de deux cents ans. Sa propre progéniture en était responsable. Là-bas dans le nord, là où se terraient les mâles. La dragonne, perchée sur son promontoire dans une anfractuosité de la falaise déplia ses deux ailes. Son aile droite portait aussi des marques. Elle était déchirée en deux points mais cela ne l'empêchait pas de voler et d'aller au-devant de ses proies : que ce soient les bovidés qui paissaient au-delà de la colline sur les grandes plaines étalées à perte de vue, ou les quelques ORLOs qui avaient survécu à leurs premières excursions. La grande verte était entourée de deux générations de dragons. La première était formée d'une vingtaine d'adultes matures. Tous regardaient leur mère avec avidité. Mais ils restaient à bonne distance, attendant tout simplement les premiers signes de faiblesse. Plusieurs de ces jeunes mâles ou femelles avaient fait les frais d'une attaque mal préparée. La deuxième génération, plus nombreuse, ne comptait encore que de jeunes dragons immatures, malgré leur plusieurs centaines d'années. Ils nichaient dans les recoins délaissés par la première génération. Maintenant, la dragonne ne pouvait plus engendrer de dragons. Sa spermathèque était vide. Ses derniers œufs étaient stériles. Son dernier voyage pour remplir ses réserves de la semence mâle lui avait couté une griffe.

- Sssssssssssi, ma vue baisse et mon ouïe n'est plus aussi précise et efficace, mais méfiez-vous, je suis encore leste et prête à vous donner le change.

A ces mots, les dragons les plus proches se replièrent, certains se recroquevillèrent, d'autres préférèrent prendre leur envol et aller dénicher les plus petits dragons et se trouver ainsi à bonne distance afin d'éviter toutes représailles éventuelles.

- Ma mémoire commence à me jouer des tours mais je vous connais tous ! Gare à vous.

La dragonne marqua une pause dans ses avertissements télépathiques. Elle se remémorait sa rencontre avec ce petit dragon.

- Comment s'appelait-il déjà, Ssssssssssssssi, ah oui P316 je crois, quel drôle de nom et surtout quelle étrange fréquentation. Vivre avec des proies. Sssssssssssssi Il doit être mort maintenant.

C'était une fin d'après-midi, le soleil commençait à rougir. Pour les dragons c'était une heure propice pour la chasse ou les grandes envolées. Un soleil rasant leur assurait à la fois la sécurité et l'effet de surprise. Mais la dragonne était épuisée, la chasse serait pour elle pour un autre jour. Cela lui demandait de plus en plus de force de maintenir ses congénères à distance raisonnable. Elle devait du matin au soir assurer sa suprématie. C'était ainsi pour les dragons vivant en colonie. Après elle, un autre prendrait sa place, vraisemblablement après une confrontation sauf si le prétendant ou la prétendante avait déjà été choisi !

- Ssssssssi, je vais me reposer mes agneaux, restez bien sages.

Elle n'attendait pas de réponse. La plupart du temps, aucun dragon n'osait discuter ou émettre une quelconque opinion. Le repos était un moment sacré pour les dragons. Bien qu'ils ne dorment généralement que d'un œil, le risque de se faire attaquer par un autre dragon pendant le repos était extrêmement faible.

Au-delà des monts escarpés plus au nord résidaient deux grands mâles. Ils s'étaient installés dans cet endroit venteux balayé régulièrement par des bourrasques de neige glacée. Ils résidaient dans ce lieu depuis leur atterrissage sur cette planète. Ils avaient été rejoints par quelques dragons qui avaient quitté la grande dragonne pour des questions de survie ! Cette petite colonie passait maintenant des jours interminables à ne rien faire. Les deux mâles dominants avaient mis en sommeil leurs excursions dans les forêts et les plaines avoisinantes. Ils prélevaient leur nourriture sur place, parmi les cervidés, nombreux dans cette région, ou les phoques qui osaient venir se reposer sur le sol glacé près des côtes encore plus au nord.

Par deux fois, les dominants avaient parcouru la longue distance qui les séparait de l'unique femelle. Chaque voyage avait abouti à un vol nuptial débridé qui avait assuré une descendance. La dragonne était elle aussi venue à leur rencontre, une seule fois. Depuis, ils n'avaient plus aucune nouvelle d'elle. C'était bien mieux comme cela pour les deux grands mâles. Elle devenait acariâtre et dangereuse. Ici même, elle avait décapité deux jeunes dragons en une envolée et arraché une aile à un autre mâle.

D'autres dragons avaient choisi de se séparer de leurs géniteurs. Ils erraient de plaines en plaines, résidant pour de courtes périodes sur les hauts plateaux qu'ils affectionnaient tout particulièrement. Au cours de leurs pérégrinations, ils avaient gouté à différentes chairs, celles des gros mammifères qui broutaient insouciants, mais aussi occasionnellement à des proies plus petites. Des créatures chétives avaient également agrémenté leur repas. Ces êtres si fragiles étaient un régal à chasser, même s'ils n'étaient pas très nourrissants en raison du peu de chair. Ces dragons nomades ne cherchaient pas encore à s'installer pour former une colonie, car cela signifierait des conflits importants. Toute colonie doit être dirigée par un dragon alpha, un dominant. Et cela ne pouvait se déterminer que par le combat. Non, pour l'instant et pour quelques centaines d'années encore, ils préfèreraient continuer leur vie de vagabondage et parcourir cette planète si vaste.